阳鸿钧 等 编著

焊工
从入门到精通

U0194412

化学工业出版社

·北京·

内 容 简 介

本书详细介绍了焊工必备知识与技能，全书包含了3大基础通用性知识技能、6种焊接方法（焊条电弧焊、氩弧焊、等离子弧焊、埋弧焊、气焊与气割、CO_2气体保护焊）、2大应用技能（焊接识图、焊工实战技能）、4种就业工场技能和2大创业关联技能。本书内容全面且系统性强，基本涵盖了焊工从入门到精通必备知识和技能。在表现方式上，本书采用大量线条图和现场施工照片，以双色的形式，将图中重点内容区分表达，读者可以一目了然地看到图中的关键信息，阅读起来更方便、更直观。同时，书中还配有视频，扫描书中的二维码，就能观看现场视频，使读者学习起来更轻松，从而达到"高效学习、快速入行、快速掌握"等工地职场与学习进阶的需要。

本书可作为焊工、工程建设相关人员、企业制造相关人员等的职业培训用书或者工作参考用书，也可作为大专院校相关专业的辅导用书，以及想灵活就业、快速掌握一门技能手艺人员的自学参考用书。

图书在版编目（CIP）数据

焊工从入门到精通 / 阳鸿钧等编著 . —北京：化学工业
出版社，2023.12
ISBN 978-7-122-44035-8

Ⅰ．①焊… Ⅱ．①阳… Ⅲ．①焊接 Ⅳ．①TG4

中国国家版本馆 CIP 数据核字（2023）第 154011 号

责任编辑：彭明兰　　　　　　　　文字编辑：冯国庆
责任校对：李　爽　　　　　　　　装帧设计：史利平

出版发行：化学工业出版社（北京市东城区青年湖南街 13 号　邮政编码 100011）
印　　装：河北京平诚乾印刷有限公司
787mm×1092mm　1/16　印张 16$\frac{1}{2}$　字数 418 千字　　2024 年 2 月北京第 1 版第 1 次印刷

购书咨询：010-64518888　　　　　售后服务：010-64518899
网　　址：http://www.cip.com.cn

凡购买本书，如有缺损质量问题，本社销售中心负责调换。

定　　价：78.00 元

前　言

　　焊接技术作为"工业裁缝"在制造业生产中至关重要，我国制造技术的迅猛发展为焊接产业带来前所未有的发展机遇，焊接专业技术人才也是供不应求的。焊工作为焊接技术专业人才，不但需要掌握焊接技能，还要能学以致用，即利用掌握的焊接技能就业和创业。但焊接是一门专业性非常强的专业，想学好必须经过专业的培训、实践操作以及不断地总结经验，才能掌握焊接相关技能。为此，特编写本书以飨读者。

　　本书详细介绍了焊工知识与技能，全书的内容如下。

　　（1）详细介绍了3大基础通用性知识技能：焊接基础与常识、填充基础与选择、焊接作业的安全等。

　　（2）详细介绍了6种焊接方法：焊条电弧焊、氩弧焊、等离子弧焊、埋弧焊、气焊与气割、CO_2 气体保护焊等。

　　（3）详细介绍了2大应用技能：焊接识图、焊工实战技能。

　　（4）介绍了4种就业工场技能：角钢框的焊接与装配、工字梁焊接与装配、燃气管道施焊要求、供热管网附件换热站设施焊要求等。

　　（5）介绍了2大创业关联技能：钢筋焊接、不锈钢与不锈钢防盗窗门焊接安装技能等。

　　本书内容全面且系统性强，基本涵盖了焊工从入门到精通必备知识和技能。在表现方式上，本书采用大量线条图和现场施工照片，以双色的形式，将图中重点内容区分表达，读者可以一目了然地看到图中的关键信息，阅读起来更方便、更直观。同时，书中还配有视频，扫描书中的二维码，就能观看现场视频，使读者学习起来更轻松，从而达到"高效学习、快速入行、快速掌握"等工地职场与学习进阶的需要。

　　在本书编写过程中，参考了一些珍贵的资料、文献、网站，在此向这些资料、文献、网站的作者深表谢意！由于部分参考文献标注不详细或者不规范，暂时没有或者没办法在参考文献中列举鸣谢，在此特意说明，同时深表感谢。另外，还参考了现行有关标准、规范、要求、政策、方法等资料，从而保证本书内容新颖，符合现行需要的要求。

　　本书可作为焊工、工程建设相关人员、企业制造相关人员等的职业培训用书或者工作参考用书，也可作为大专院校相关专业的辅导用书，以及想灵活就业、快速掌握一门技能手艺人员的自学参考用书。

　　本书由阳鸿钧、阳育杰、阳许倩、欧小宝、许四一、阳红珍、许满菊、许小菊、阳梅开、阳苟妹等人员参加编写或支持编写。

　　另外，本书的编写还得到了一些同行、朋友及有关单位的帮助与支持，在此，向他们表示衷心的感谢！

　　由于时间和水平有限，书中难免存在不足之处，敬请读者批评、指正。

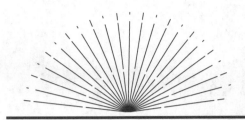

目 录

第1篇 入门篇

第3章　焊接作业的安全　// 50

第2篇 提高篇

第4章 焊条电弧焊 // 64

第5章　氩弧焊

第6章　等离子弧焊 // 129

第7章　埋弧焊 // 139

第 8 章　气焊与气割　// 157

第 9 章　CO_2 气体保护焊　// 173

第 3 篇　精通篇

第 10 章　焊接识图　// 188

第 1 篇

入门篇

第 1 章

焊接基础与常识

1.1 焊接基础

1.1.1 焊接的概念

焊接是指通过加热、加压，或者两者并用，使同性或异性的两个工件产生原子间结合的一种加工工艺与连接方式，如图 1-1 所示。焊接，既可以用于金属，也可以用于非金属的加工与连接。

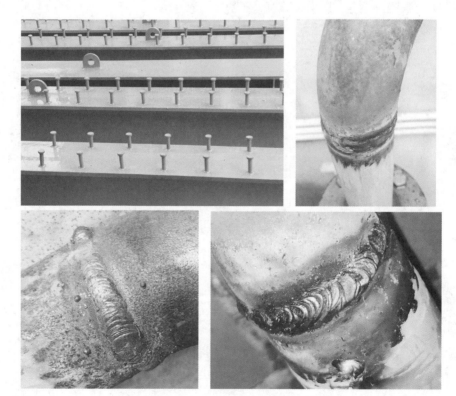

图 1-1 工件的焊接

不同材料，不同板厚，不同焊接位置，不同接头形式，不同尺寸，不同成形方式，不同质量，可能需要不同的焊接方法、焊接技术和焊接设备。焊接应以焊接后的成形为导向，以满足应用要求，如图 1-2 所示。

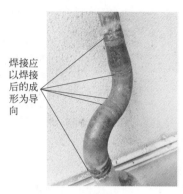

图 1-2 焊接应满足应用要求

1.1.2 电焊的种类

据统计，金属焊接的方法可达 40 种以上，主要分为熔焊、压焊、钎焊等大类，如图 1-3 所示。

焊接分类的图解如图 1-4 所示。具体焊接的定义见表 1-1。

熔焊，就是在焊接过程中将工件接口加热到熔化状态，不加压力完成焊接的一种方法。熔焊包括气焊、电弧焊、电渣焊、激光焊、电子束焊、堆焊、铝热焊等

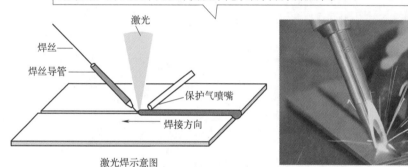

压焊，就是在加压条件下，使两个工件在固态下实现原子间结合。压焊又称为固态焊接。压焊包括电阻焊、锻焊、接触焊、摩擦焊、气压焊、冷压焊、爆炸焊等

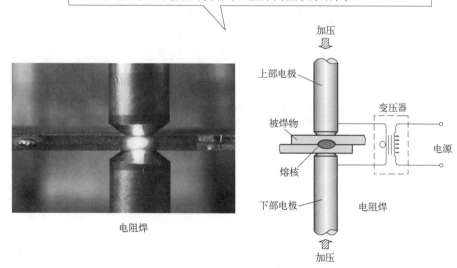

图1-3

钎焊,就是使用比工件熔点低的金属材料作钎料,将工件和钎料加热到高于钎料熔点、低于工件熔点的温度,利用液态钎料润湿工件,填充接口间隙并与工件实现原子间的相互扩散,从而实现焊接的一种方法

钎焊,包括硬钎焊和软钎焊;碳素钢及低合金钢的钎焊、不锈钢的钎焊;火焰钎焊、感应钎焊、炉钎焊、盐溶钎焊、电子束钎焊;高温钎焊、中温钎焊、低温钎焊等

图1-3 金属焊接的主要大类

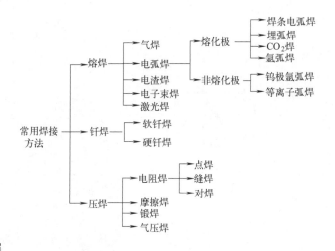

图1-4 焊接分类的图解

表1-1 具体焊接的定义

名称	解　释
CO_2 焊	为二氧化碳气体保护焊(MAG-C 焊)的一种焊接技术
MAG 焊	为金属极(熔化极)活性气体保护焊的一种焊接技术
MIG 焊	为金属极(熔化极)惰性气体保护焊的一种焊接技术
TIG 焊	为钨极(非熔化极)惰性气体保护焊的一种焊接技术
电弧焊	以气体导电时产生的电弧热为热源的一种焊接技术

一点通

　　常用的焊接有手工电弧焊、氩弧焊、CO_2 焊、等离子弧焊、氧气 - 乙炔焊、激光焊、电渣压力焊等。焊接的熔化极,就是焊丝或焊条既是电极又是填充金属。焊接的非熔化极,就是电极(钨极)不熔化。

1.1.3　熔焊

　　熔焊又叫作熔化焊,是指焊接过程中,在高温等作用下使焊接接头呈熔化状态;由于被焊工件是紧密贴在一起的,在温度场、重力等作用下,不加压力,两个工件熔化的液体会发生混合现象;等温度降低后,熔化部分凝结,两个工件被牢固地焊在一起,完成焊接的一种方法。常见的熔焊有气焊、电弧焊等。

熔化焊接需要一个能量集中、热量足够的热源。能量集中性是指在金属电极中单位面积所通过的电流越大，能量集中性越好。

熔化焊接的焊接部位必须采取有效的隔离空气保护，使焊接部位不与空气接触，以免造成焊道的成分和性能不良。

焊接焊层与焊道如图 1-5 所示。

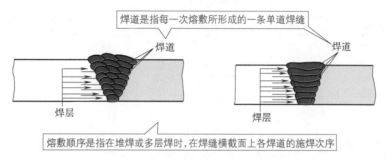

图 1-5　焊接焊层与焊道

熔化焊接保护方式有气相、渣相、真空等种类，见表 1-2。

表 1-2　熔化焊接保护方式

类型	材料及设施	适用范围
气相保护	气体	CO_2、TIG、MIG、MAG 焊等
渣相保护	焊剂	手工焊条、埋弧焊剂、药芯焊丝等
真空保护	真空设备与设施	航空航天或稀有金属（电子束焊）

1.1.4　压力焊接的分类

压力焊接是指焊接过程中必须对焊件施加压力的一种焊接方法。压力焊接分为加热压力焊接和不加热压力焊接，如图 1-6 所示。

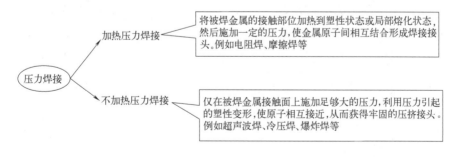

图 1-6　压力焊接的分类

1.1.5　不同焊接方法的比较

不同焊接方法焊接控制方式的比较见表 1-3。不同焊接方法焊接能量集中性对照见表 1-4。

表1-3 不同焊接方法焊接控制方式的比较

焊接方法	行走方式	送丝（条）方式	控制方式
CO_2 焊	手工	自动（送丝机）	半自动焊
埋弧焊	自动（焊接小车）	自动（送丝机）	自动焊
手工弧焊	手工	手工	手工焊

表1-4 不同焊接方法焊接能量集中性对照

焊接方法	丝径 /mm	电流 /A	电流密度 /（A/mm^2）	能量集中性
CO_2 焊	1	250	318	更好
埋弧焊	5	1300	66	好
手工弧焊	5	270	14	差

 一点通

行走角是指在焊丝轴线与焊缝轴线所确定的平面内，焊丝轴线与焊缝轴线的垂线间的夹角。工作角是指焊丝轴线与工件法线间的夹角。前倾角焊接是指焊丝倾斜，且其端部指向焊接方向（指向待焊部分）的焊接。焊丝轴线与焊缝轴线形成的最小夹角，也称为前倾角。后倾角焊接是指焊丝倾斜且其端部指向焊接方向的反方向（指向已焊部分）的焊接。焊丝轴线与焊缝轴线形成的最小夹角，也称为后倾角。

1.1.6 焊接方法与其代号

焊接方法与其代号见表1-5。

表1-5 焊接方法与其代号

焊接方法	代号
气电立焊	EGW
电渣焊	ESW
摩擦焊	FRW
熔化极气体保护电弧焊	GMAW（含药芯焊丝电弧焊 FCAW）
钨极气体保护焊	GTAW
气焊	OFW
等离子弧焊	PAW
埋弧焊	SAW
焊条电弧焊	SMAW
螺柱电弧焊	SW

 一点通

焊工证上的代码，最前面的代码就是焊接方法代号。

1.1.7 焊缝形式

焊缝形式如图 1-7 所示。按焊缝断续情况，焊缝分为连续焊缝、断续焊缝等形式，其中断续焊缝又分为交错式断续焊缝、并列式断续焊缝。

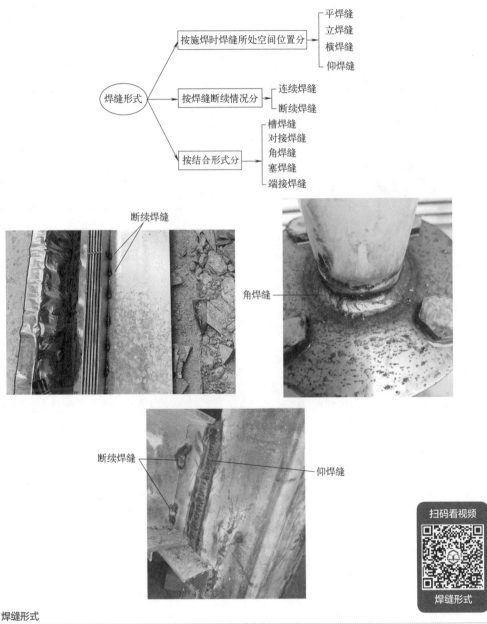

图 1-7 焊缝形式

一点通

槽焊缝——两板相叠，其中一块开长孔，在长孔中焊接两板的焊缝，只焊角焊缝者不称为槽焊。

端接焊缝——构成端接接头所形成的焊缝。

对接焊缝——在焊件的坡口面间或一个零件的坡口面与另一个零件表面间焊接的焊缝。

角焊缝——沿两直交或近直交零件的交线所焊接的焊缝。

塞焊缝——两零件相叠，其中一个开圆孔，在圆孔中焊接两板所形成的焊缝，只在孔内焊角焊缝者不称为塞焊。

1.1.8 打底焊道与封底焊道

打底焊道的焊接叫作打底焊。接缝根部施焊的第一道焊道，或者在背面施的第一焊道，叫作打底焊道。单面坡口对接焊中，焊完正面坡口中的各个焊道，并且在焊缝背面清根后，再在焊缝根部焊接的焊道称为封底焊道。打底焊道与封底焊道如图 1-8 所示。

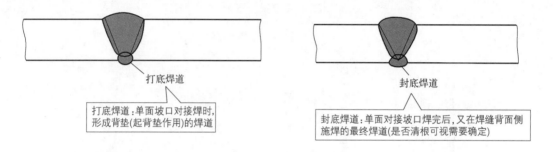

图1-8 打底焊道与封底焊道

1.1.9 过渡的特点

焊接过渡的特点图示如图 1-9 所示。常见的焊接过渡有粗滴过渡、短路过渡、喷射过渡等。

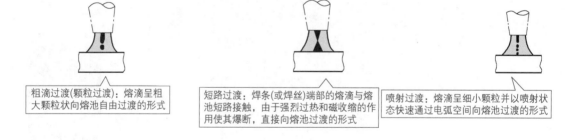

图1-9 焊接过渡的特点图示

1.1.10 焊缝倾角

焊接位置是指熔焊时焊件接缝所处的空间位置。焊接位置可以用焊缝倾角与焊缝转角来表示。焊接位置分为平焊位置、立焊位置、横焊位置、仰焊位置等。

焊缝倾角是指焊缝轴线与水平面之间的夹角，如图 1-10 所示。

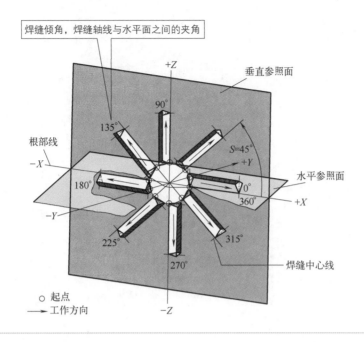

图 1-10 焊缝倾角

1.1.11 焊缝转角

焊缝转角是指焊缝中心线（焊根和盖面层中心连线）和水平参照面 Y 轴的夹角，如图 1-11 所示。

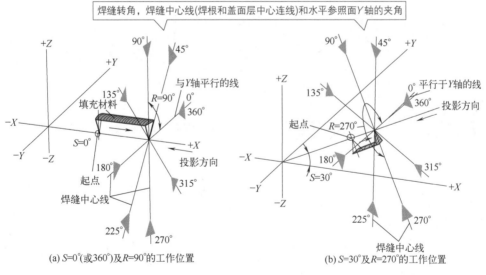

图 1-11 焊缝转角

1.1.12 焊接位置

平焊位置、横焊位置、立焊位置、仰焊位置进行的焊接分别称为平焊、横焊、立焊、仰焊，如图 1-12 所示。

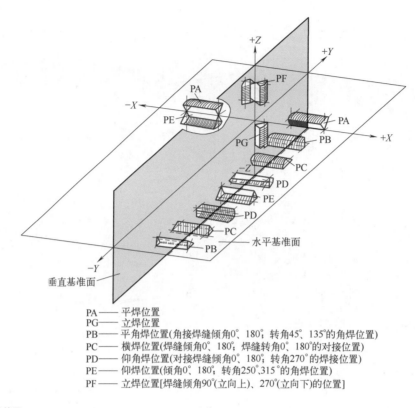

PA —— 平焊位置
PG —— 立焊位置
PB —— 平角焊位置(角接焊缝倾角0°、180°；转角45°、135°的角焊位置)
PC —— 横焊位置(焊缝倾角0°、180°；焊缝转角0°、180°的对接位置)
PD —— 仰角焊位置(对接焊缝倾角0°、180°；转角270°的焊接位置)
PE —— 仰焊位置(倾角0°、180°；转角250°、315°的角焊位置)
PF —— 立焊位置[焊缝倾角90°(立向上)、270°(立向下)的位置]

图 1-12　焊接位置

　　焊件接缝置于倾斜位置（除了平焊位置、横焊位置、立焊位置、仰焊位置外）时进行的焊接称为倾斜焊。

　　T 形、十字形、角接接头处于平焊位置进行的焊接称为船形焊。

　　工程上常用的水平固定管的焊接，由于在管子 360° 的焊接中有仰焊、立焊、平焊，因此称为全位置焊接。

　　各类焊接位置施焊所需时间比见表 1-6。

表 1-6　各类焊接位置施焊所需时间比

焊接位置种类	横焊（角焊缝）	平焊	仰焊	立焊	横焊（对接焊缝）
施焊时间比	1.3	1.0	2.5	2.2	1.8

1.1.13　分段退焊

　　分段退焊是指焊缝较长时，将焊件接缝划分成若干段。分段焊接，每段施焊方向与整条焊缝增长方向相反的一种焊接工艺，如图 1-13 所示。

　　分段退焊的目的是减少焊接变形。分段退焊可以适用于各种空间位置的焊接，立焊除外。钢材较厚、焊缝较长时，可以采用设挡弧板、多人同时焊接等操作方式。

1.1.14　跳焊

跳焊是指将焊件接缝分成若干段，再根据预定次序和方向分段间隔施焊，完成整条焊缝的一种焊接法，如图1-14所示。

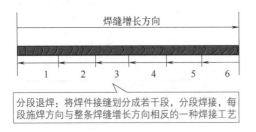
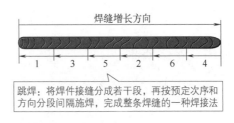

图1-13　分段退焊　　图1-14　跳焊

跳焊可以采用等距跳焊，也可以采用不等距跳焊。例如，跳焊用于要求变形更小的位置时，先采用大约长12mm的"焊蚕"，焊完后再采用另一个短"焊蚕"（例如大约长6mm）的进行焊接，以此延续焊缝。

跳焊主要用于那些点焊不够强且变形要求很小的位置。

一点通

四段分段跳焊法——焊接平板对接焊缝的每一层焊缝时，先把两块需要对接焊缝的平板放置平稳，焊接方向为从焊缝的一端起点到另一端终点，焊缝从起点到终点分成四段，依次为第一段、第二段、第三段、第四段，并且每一段靠近焊缝起点的为起点端，靠近焊缝终点的为终点端，焊接每一段焊缝的方向均从该段的起点端到该段的终点端。焊缝的焊接顺序为第四段、第二段、第一段、第三段。其中，第一段、第二段和第三段的长度相等，第四段长度为第一段的一半。焊接平板对接焊缝的层次大于一层时，各层分段的部位应错开50mm以上。

1.1.15　点焊

点焊是一种面积小的局部焊。有的点焊，焊接的两块金属板不钻（冲）孔，而是直接穿透上面一层金属进入下一层。

点焊可以将两种不同厚度的金属焊接在一起。常推荐将较轻的金属焊到较重的金属上，并且焊接时，两板要结合紧密，接合表面要清洁。

点焊主要用于厚度在4mm以下的薄板构件冲压件焊接，一般不能焊接有密封要求的容器。点焊常应用于筛网、空间构架、交叉钢筋等场所。

点焊可分为单点焊和多点焊。多点焊是指用两对或两对以上电极，同时或按自控程序焊接两个或两个以上焊点的一种点焊。

电弧点焊如图1-15所示。

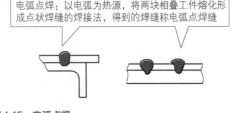

图1-15　电弧点焊

断续焊接常用于薄钣金或陈旧（锈蚀）金属的焊接，因这些钣金焊接时易发生翘曲、烧蚀等情况。断续焊接基本上是一系列互相重叠的点焊，并且每个点焊一般在前一个点焊冷却后进行。断续焊接可用手工焊，也可用自动焊。

1.1.16　焊接要求

焊接对于焊接节点、焊接间距、焊接管连接等均有要求，如图1-16所示。

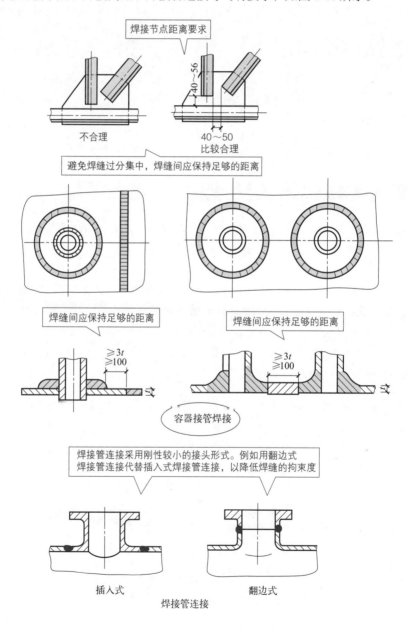

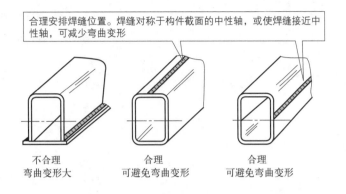

图 1-16　焊接要求

1.1.17　焊接接头的选择

对于焊接结构和接头，应优先采用焊接接头形式简单、应力集中小、不破坏结构连续性的接头和焊缝形式，如图 1-17 所示。

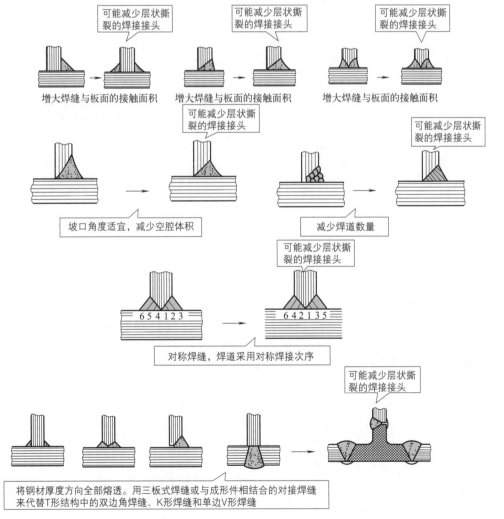

图 1-17

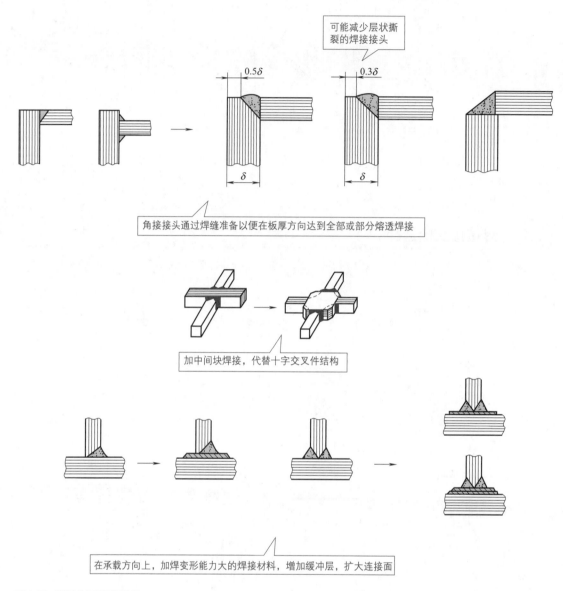

图 1-17　选择合适的焊接接头

在有可能的条件下，尽量将焊接接头布置在工作载荷较小的位置，以及构件几何尺寸与形状不变的位置。角焊缝的焊脚尺寸不宜过大，搭接角焊缝不宜过长。

1.1.18　异种材料焊接难易度

异种材料焊接接头容易产生裂纹，尤其是焊接热影响区更易产生裂纹，或者发生断裂现象。异种材料的熔点相差越大，越难进行焊接。异种材料焊接难易度如图 1-18 所示。

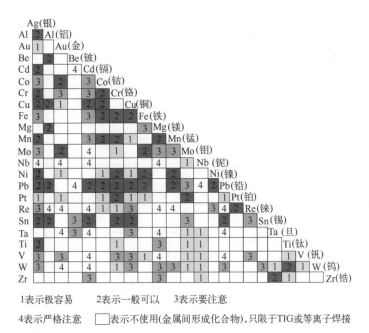

1表示极容易　　2表示一般可以　　3表示要注意

4表示严格注意　　☐表示不使用(金属间形成化合物),只限于TIG或等离子焊接

图 1-18　异种材料焊接难易度

1.1.19　焊接工艺规程的格式

焊接工艺规程的格式见表 1-7。

表 1-7　焊接工艺规程的格式

焊接工艺规程编号		页数
工程名称_____。		
工程编号_____。		
产品名称（施焊部位）_____。		
产品编号（设备编号、管线号或焊缝编号）_____。		
焊接工艺评定报告编号、焊接施工执行标准_____。		
焊接方法操作类型（手工、自动、半自动）：		
焊接接头： 坡口形式衬垫（材料、规格）_____。 简图（接头形式、坡口形式和尺寸、焊层／焊道布置、焊层／焊道顺序示意图）_____。 接头制备要求_____。		
母材： 材料标准号、型号或牌号_____。 相焊厚度范围_____。 焊接管道直径范围_____。 焊接其他_____。		
填充金属		
焊接材料标准号		
型号		
牌号		
尺寸		
烘干温度（℃）／时间（h）		

续表

焊缝熔敷金属厚度			
其他			

焊接位置：
坡口对接焊缝位置 _____。
角焊缝位置 _____。
焊接方向（向上、向下）_____。
其他 _____。

预热：
预热温度（℃）_____。
层间温度（℃）_____。
后热温度（℃）和时间（h）_____。
加热方式及其他 _____。

焊后热处理：
温度（℃）_____。
时间（h）_____。
升温速率（℃/h）_____。
降温速率（℃/h）_____。
其他 _____。

气体：
种类（成分）　混合配比（纯度）　流量（L/min）
保护气体 _____。
尾部气 _____。
背部气 _____。
其他 _____。

电特性：
电流种类、极性 _____。电流范围（A）_____。电弧电压（V）_____。
送丝速度 _____。熔滴过渡形式 _____。钨极类型及尺寸 _____。
其他 _____。

焊层/焊道	焊接法	填充金属		焊接电流		电弧电压/V	焊接速度/(cm/min)	线能量/(kJ/cm)
		牌号	直径/mm	类型/极性	电流/A			

技术措施：
摆动焊或（不摆动焊）焊道摆动参数 _____。
焊前清理或层间清理 _____。
背面清根 _____。
导电嘴到工件距离（mm）_____。
钨极伸出长度（mm）_____。
焊炬角度（°）_____。
电极（焊丝、焊条）角度（°）_____。
喷嘴尺寸（mm）_____。
单道焊或多道焊（每侧）_____。
单丝焊或多丝焊 _____。
锤击 _____。
其他 _____。

编制		审核		批准	
日期		日期		日期	

1.2　材料与其坡口形式及尺寸

1.2.1　材料的分类

材料是可用于制造有用物品的固态物质的统称。工程材料一般是指固态的、可用于工程上的物质。

材料的分类如图 1-19 所示。其中，根据成分不同材料分为金属材料（包括金属和合金）、无机非金属材料（例如玻璃、陶瓷）、有机高分子材料（例如合成塑料、纤维、橡胶、天然的羊毛、棉花等）、复合材料等。

材料的连接包括螺纹连接、焊接、铆接、粘接、丝接等方式。其中，金属材料连接方式主要有焊接、螺纹连接、丝接等。其中，焊接是金属连接的主要方法，也是本书主要介绍的内容。

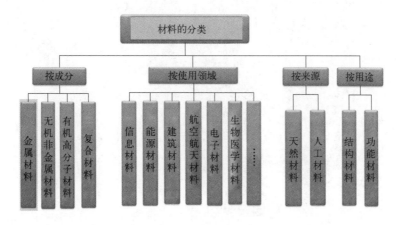

图 1-19　材料的分类

1.2.2　金属材料的分类

金属是指具有良好的导电性与导热性，具有一定的强度与塑性，并且具有特殊光泽的一种物质。

金属材料是由金属元素或以金属元素为主，其他金属或非金属元素为辅构成的，并且具有金属特性的工程材料。金属材料包括纯金属和合金。

金属材料的分类如图 1-20 所示。黑色金属泛指铁或以铁为主而形成的物质，例如钢和铁。高炉炼铁如图 1-21 所示。

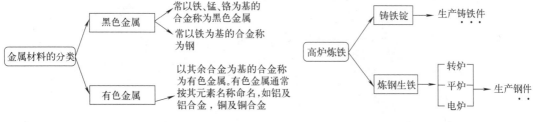

图 1-20　金属材料的分类

图 1-21　高炉炼铁

1.2.3 钢的分类

钢是应用非常广的工程材料，如图 1-22 所示。钢是指含碳量小于 2% 的铁碳合金。钢中还含有少量的锰、硅、硫、磷等常存杂质。

图 1-22 钢材料

钢的分类方法很多，其分类如图 1-23 所示。

按化学成分分类

合金钢
- 低合金钢　合金元素总量<5%
- 中合金钢　合金元素总量为5%～10%
- 高合金钢　合金元素总量>10%

碳素钢
- 低碳钢　碳含量≤0.25%
- 中碳钢　碳含量为0.25%～0.6%
- 高碳钢　碳含量>0.6%

单位：%

按质量等级分类

钢类	碳素钢		合金钢	
	P	S	P	S
普通质量钢	≤0.045	≤0.045	≤0.045	≤0.045
优质钢	≤0.035	≤0.035	≤0.035	≤0.035
高级优质钢	≤0.030	≤0.030	≤0.025	≤0.025
特级优质钢	≤0.025	≤0.020	≤0.025	≤0.015

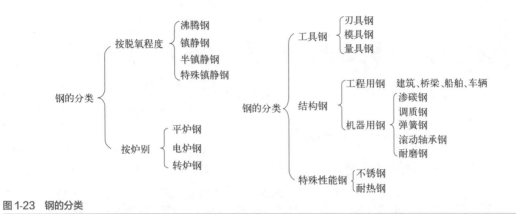

图1-23 钢的分类

1.2.4 部分金属材料的型号与牌号

部分金属材料的型号与牌号，见表1-8。

表1-8 部分金属材料的型号与牌号

种类	类别	代号	型号、牌号、级别
钢	低碳钢	Fe Ⅰ	Q195、Q215、HP265、Q235、Q245R 等
钢	低合金钢	Fe Ⅱ	HP365、12CrMoG、Q295、15CrMo16MnDR、Q345、15CrMoR、Q390、15CrMoG、15MnNiDR 等
钢	Br ≥ 5% 的铬钼钢、铁素体钢、马氏体钢	Fe Ⅲ	1Cr5Mo、06Cr13、12Cr13、10Cr17、1Cr9Mo1、10Cr9MoVNb、00Cr27Mo、06Cr13Al、ZG16Cr5MoG 等
钢	奥氏体钢、奥氏体与铁素体双相钢	Fe Ⅳ	06Cr19Ni10、06Cr17Ni12Mo2、06Cr23Ni13、06Cr19Ni11Ti、06Cr17Ni12Mo2Ti、06Cr25Ni20、022Cr19Ni10、06Cr19Ni13Mo3、12Cr18Ni9、022Cr17Ni12Mo2、022Cr19Ni13Mo3、022Cr19-Ni5Mo3Si2N 等
铝及铝合金	纯铝，铝锰合金	Al Ⅰ	1A85、1060、1050A、1200、3003 等
铝及铝合金	铝镁合金（Mg ≤ 4%）	Al Ⅱ	3004、5052、5A03、5454 等
铝及铝合金	铝镁硅合金	Al Ⅲ	6061、6063、6A02 等
铝及铝合金	铝镁合金（Mg > 4%）	Al Ⅴ	5A05、5083、5086 等
镍及镍合金	纯镍	Ni Ⅰ	N5、N6、N7 等
镍及镍合金	镍铜合金	Ni Ⅱ	NCu30 等
镍及镍合金	镍铬铁合金 镍铬钼合金	Ni Ⅲ	NS312、NS315、NS334、NS335、NS336 等
镍及镍合金	镍钼铁合金	Ni Ⅳ	NS321、NS322 等
镍及镍合金	镍铁铬合金	Ni Ⅴ	NS111、NS112、NS142、NS143 等
钛及钛合金	低强纯钛、钛钯合金	Ti Ⅰ	TA0、TA1、TA9、TA1-A、ZTi1 等
钛及钛合金	高强纯钛、钛钼镍合金	Ti Ⅱ	TA2、TA3、TA10、ZTi2
铜及铜合金	纯铜	Cu Ⅰ	T2、TU1、TU2、TP1、TP2 等
铜及铜合金	铜锌合金、铜锌锡合金	Cu Ⅱ	H62、HA177-2、HSn70-1、HSn62-1 等
铜及铜合金	铜硅合金	Cu Ⅲ	QSi3-1 等
铜及铜合金	铜镍合金	Cu Ⅳ	C19、BFe10-1-1、BFe30-1-1 等
铜及铜合金	铸造铜铝合金	Cu Ⅴ	ZCuAl10Fe3 等

一点通

焊工证上的金属材料类别代号，也就是表1-8中的对应代号。

1.2.5 常用钢种的焊接最低预热温度

常用钢种的焊接最低预热温度见表1-9。

表1-9 常用钢种的焊接最低预热温度

母材类别		较厚件母材度 /mm	附加限制条件	最低预热温度 /℃
合金钢 Cr ≤ 0.5%		≤ 13	母材最小抗拉强度 ≤ 450MPa	10
		> 13	母材最小抗拉强度 ≤ 450MPa	95
合金钢 0.5% < Cr ≤ 2%		全部	无	120
合金钢 2.25% ≤ Cr ≤ 10%		全部	母材最小抗拉强度 ≤ 415MPa	150
		全部	母材最小抗拉强度 > 415MPa	200
		≤ 13	Cr > 6%	200
低温镍钢	Ni ≤ 2.5%	全部	无	120
	3.5Ni	全部	无	150
	5Ni、8Ni、9Ni	全部	无	10
碳钢、碳锰钢		≤ 25	母材最小抗拉强度 ≤ 490MPa	10
		> 25	母材最小抗拉强度 ≤ 490MPa	95
		全部	母材最小抗拉强度 > 490MPa	95
马氏体不锈钢		全部	无	200

1.2.6 锆及锆合金焊接坡口形式与尺寸

锆及锆合金焊接坡口形式与尺寸宜符合的要求，见表1-10。

表1-10 锆及锆合金焊接坡口形式与尺寸宜符合的要求

厚度 T/mm	坡口名称	坡口形式	坡口尺寸		
			间隙 c /mm	钝边 p /mm	坡口角度 α/(°)
—	安放式焊接支管坡口		1 ～ 2.5	1 ～ 1.5	40 ～ 50

厚度 T/mm	坡口名称	坡口形式	坡口尺寸		
			间隙 c /mm	钝边 p /mm	坡口角度 α/(°)
1 ~ 2	I 形坡口		0 ~ 1	—	—
2 ~ 10	V 形坡口		3 ~ 3.5	0 ~ 0.5	50 ~ 60
2 ~ 10	插入式焊接支管坡口		1 ~ 2.5	1 ~ 1.5	40 ~ 50

1.2.7　钛及钛合金的焊接坡口形式及尺寸

钛及钛合金的焊接坡口形式及尺寸宜符合的要求，见表 1-11。

表 1-11　钛及钛合金的焊接坡口形式及尺寸宜符合的要求

厚度 T/mm	坡口名称	坡口形式	坡口尺寸			说明
			间隙 c /mm	钝边 p /mm	坡口角度 $\alpha(\beta)$ /(°)	
—	安放式焊接支管坡口		1 ~ 2.5	1 ~ 1.5	40 ~ 50	—
1 ~ 2	I 形坡口		0 ~ 1	—	—	—
1 ~ 6	T 形接头		0 ~ 2	—	—	—
10 ~ 38	K 形坡口		0 ~ 2	1 ~ 1.5	40 ~ 50	—

续表

厚度 T/mm	坡口名称	坡口形式	坡口尺寸			说明
			间隙 c /mm	钝边 p /mm	坡口角度 $\alpha(\beta)$ $/(°)$	
12～38	U 形坡口		0～2	1～1.5	（15～30）	R=5～ 6mm
12～38	X 形坡口		0～2	1～1.5	55～65	—
2～16	V 形坡口		0.5～2	0.5～1.5	55～65	—
2～16	插入式焊接支管坡口		1～2.5	1～1.5	40～50	—
4～12	单边 V 形坡口		0～2	1～1.5	40～50	—

注：T_1、T_2 表示高度或者厚度。

1.2.8   镍及镍合金的焊接坡口形式及尺寸

镍及镍合金的焊条电弧焊和惰性气体保护电弧焊坡口形式及尺寸宜符合的要求，见表1-12。

表1-12   镍及镍合金的焊条电弧焊和惰性气体保护电弧焊坡口形式及尺寸宜符合的要求

厚度 T /mm	坡口名称	坡口形式	坡口尺寸			说明
			间隙 c /mm	钝边 p /mm	坡口角度 $\alpha(\beta)$ $/(°)$	
1～3	I 形坡口		1.0～2.0	—	—	单面焊
3～6			1.0～2.5			双面焊
≤ 8	V 形坡口		2～3	0.5～1.5	70～80	—
> 8			2～3	0.5～1.5	65～75	

厚度 T /mm	坡口名称	坡口形式	坡口尺寸			说明
			间隙 c /mm	钝边 p /mm	坡口角度 $\alpha(\beta)$ /(°)	
—	安放式焊接支管坡口		2～3	0～2	55～65	—
≥17	双V形坡口		2～3	1～2	70～80 (25～27.5)	$h=\dfrac{T}{3}$ mm
≥17	U形坡口		2.5～3.5	1～2	(15～20)	$R=5～6$mm
12～32	X形坡口		0～3	0～2.5	65～80	—
2～10	插入式焊接支管坡口		2～3	0～2	50～60	—

1.2.9 铝和铝合金焊缝的坡口形式和尺寸

铝和铝合金焊缝的坡口形式和尺寸——钨极惰性气体保护电弧焊宜符合的要求，见表1-13。

表1-13 铝和铝合金焊缝的坡口形式和尺寸——钨极惰性气体保护电弧焊宜符合的要求

厚度 T /mm	坡口名称	坡口形式	坡口尺寸			说明
			钝边 p /mm	坡口角度 $\alpha(\beta)$ /(°)	间隙 c /mm	
1～2	卷边		—	—	—	卷边高度，$T+$ 1mm，不填加焊丝
<3	I形坡口		—	—	0～1.5	单面焊
3～5	I形坡口		—	—	0.5～2.5	双面焊

续表

厚度 T /mm	坡口名称	坡口形式	坡口尺寸			说明
			钝边 p /mm	坡口角度 α （β）/(°)	间隙 c /mm	
3～5	V 形坡口		1～1.5	70～80	0～0.25	（1）横焊位置坡口角度上半边 40°～50°，下半边 20°～30°（2）单面焊坡口根部内侧最好倒棱（3）U 形坡口根部圆角半径为 6～8mm
5～12	V 形坡口		1～2	60～70	2～4	
4～12	带垫板 V 形坡口		0～2	50～60	3～6	
>12	X 形坡口		2～3	60～80	0～2.5	—
>8	U 形坡口		1.5～2.5	55～65	0～2.5	R=5～6mm
>8	T 形接头、K 形坡口		≤2	50～55（50～55）	0～2	—
≤6	不开坡口 T 形接头		—	—	0.5～1.5	—
6～10	T 形接头、单边 V 形坡口		≤2	50～55	0.5～2	—

注：δ 表示垫板厚度；d 表示垫板宽度；β 表示坡口角度；T_1 表示竖板厚度；T_2 表示横板厚度。

铝和铝合金焊缝的坡口形式和尺寸——熔化极惰性气体保护电弧焊宜符合的要求，见表 1-14。

表 1-14　铝和铝合金焊缝的坡口形式和尺寸——熔化极惰性气体保护电弧焊宜符合的要求

厚度 T /mm	坡口名称	坡口形式	坡口尺寸			说明
			坡口角度 α / (°)	钝边 p /mm	间隙 c /mm	
> 20	U 形坡口		40 ～ 50	3 ～ 5	0 ～ 3	R=5 ～ 6mm
> 26	X 形坡口		60 ～ 70	5 ～ 8	0 ～ 3	—
> 8	X 形坡口		70 ～ 80	3 ～ 6	0 ～ 3	—
≤ 6	I 形坡口		—	—	0 ～ 3	—
6 ～ 20	V 形坡口		60 ～ 70	3 ～ 4	0 ～ 3	—
6 ～ 25	带垫板 V 形坡口		50 ～ 60	0 ～ 2	3 ～ 6	—

注：δ 表示垫板厚度；d 表示垫板宽度。

第2章

填充基础与选择

2.1 焊条的基础

2.1.1 焊条的结构

焊条是指气焊或电焊时熔化填充在焊接工件的接合位置的金属条。焊条的材料通常与工件的材料相同。

在金属焊芯外将涂料（药皮）均匀、向心地压涂在焊芯上即可制成焊条，如图2-1所示。

焊条前端药皮有45°左右的倒角，以便于引弧。焊条尾部有一段裸焊芯，约占焊条总长的1/16，以便于焊钳夹持并有利于导电。

焊条的直径实际上是指焊芯直径，常有2mm、2.5mm、3.2mm或3mm、4mm、5mm或6mm等规格。最常用的是3.2mm、4mm、5mm等种类焊条，其长度一般为200～550mm。

(a) 焊条实物

焊芯：作为电极传导电流，熔化后作为填充金属与母材形成焊缝

药皮：改善焊接工艺性、对焊接区起保护作用、起有益的冶金化学作用等

(b) 焊条的结构

图 2-1 焊条

一点通

为了保证焊缝的质量与性能，对焊芯中各金属元素的含量均有严格的规定，特别是对硫、磷等有害杂质的含量，均应有严格的限制，应优于母材。

2.1.2 焊条的分类

根据用途不同，焊条分为结构钢焊条、钼和铬钼耐热钢焊条、低温钢焊条、铸铁焊条、镍及镍合金焊条、不锈钢焊条、堆焊焊条、铜及铜合金焊条、铝及铝合金焊条、特殊用途焊条等。

根据药皮性质不同，结构钢焊条可分为酸性焊条和碱性焊条，如图 2-2 所示。

图 2-2 结构钢焊条

 一点通

焊接碳钢、低合金钢时，一般都选用低碳钢作为焊芯，并且添加锰、硅、铬、镍等成分。对于高合金钢以及铝、铜、铸铁等其他金属材料，其焊芯成分除要求与被焊金属相近外，还需要控制杂质的含量，并且根据工艺要求常加入某些特定的合金元素。

2.1.3 焊条的选择

焊条的选择要点如下。

① 当母材中碳、硫、磷等元素的含量偏高时，焊缝中容易产生裂纹，应选用抗裂性能好的碱性低氢型焊条。

② 对焊接工作量大的结构，有条件时应尽量采用铁粉焊条、高效率重力焊条等高效率焊条，或者选用底层焊条等专用焊条。

③ 对受条件限制不能翻转的焊件，应选用适合全位置焊接的焊条。

④ 对于合金结构钢，有时还要求合金成分与母材相同或接近。

⑤ 对于普通结构钢，常要求焊缝金属与母材等强度，应选用熔敷金属抗拉强度等于或稍高于母材的焊条。

⑥ 在高温、低温、耐磨或其他特殊条件下工作的焊接件，应选用相应的耐热钢、低温钢、

堆焊或其他特殊用途的焊条。

⑦ 在焊接结构刚性大、接头应力高、焊缝易产生裂纹的不利情况下，应考虑选用比母材强度低的焊条。

⑧ 接触腐蚀介质的焊件，应根据介质的性质和腐蚀特征，选用不锈钢类焊条或其他耐腐蚀焊条。

⑨ 考虑焊接构件的使用性能和工作条件，对承受载荷和冲击载荷的焊件，除了满足强度要求外，还应保证焊缝金属具有较高的冲击韧性与塑性，可以选用塑性和韧性指标较高的低氢型焊条。

⑩ 考虑焊接结构特点和受力条件，对结构形状复杂、刚性大的厚大焊接件，由于焊接过程中产生很大的内应力，易使焊缝产生裂纹，应选用抗裂性能好的碱性低氢焊条。

⑪ 考虑施工条件和经济效益，在满足产品使用性能要求的情况下，应选用工艺性好的酸性焊条。

⑫ 对于受力不大、焊接部位难以清理干净的焊件，应选用对铁锈、氧化皮、油污不敏感的酸性焊条。

⑬ 对于狭小或通风条件差的场合，应选用酸性焊条或低尘焊条。

一点通

铬不锈钢焊接性较差，应注意焊接工艺和热处理条件，选用合适的焊条。对于强度级别不同的碳钢＋低合金钢（或低合金钢＋低合金高强度钢），一般要求焊缝金属或接头的强度不低于两种被焊金属的最低强度。

2.2　具体填充金属基础

2.2.1　填充金属类别、示例与适用范围

填充金属类别、示例与适用范围见表 2-1。

表 2-1　填充金属类别、示例与适用范围

填充金属种类	填充金属类别	试件用填充金属类别代号	相应型号、牌号	适用于焊件填充金属类别范围
钢	碳钢焊条、低合金钢焊条、马氏体钢焊条、铁素体钢焊条	Fef1（钛钙型）	E×× 03	Fef1
钢	碳钢焊条、低合金钢焊条、马氏体钢焊条、铁素体钢焊条	Fef2（纤维素型）	E×× 10、E×× 11、E×× 10-×、E×× 11-×	Fef1、Fef2
钢	碳钢焊条、低合金钢焊条、马氏体钢焊条、铁素体钢焊条	Fef3（钛型、钛钙型）	E××× (×)-16、E××× (×)-17	Fef1、Fef3

续表

填充金属种类	填充金属类别	试件用填充金属类别代号	相应型号、牌号	适用于焊件填充金属类别范围
钢	碳钢焊条、低合金钢焊条、马氏体钢焊条、铁素体钢焊条	Fef3J（低氢型、碱性）	E××15、E××16、E××18、E××48、E××15-×、E××16-×、E××18-×、E××48-×、E×××（×）-15、E×××（×）-16、E×××（×）-17	Fef1、Fef3、Fef3J
钢	奥氏体钢焊条、奥氏体与铁素体双相钢焊条	Fef4（钛型、钛钙型）	E×××（×）-16、E×××（×）-17	Fef4
钢	奥氏体钢焊条、奥氏体与铁素体双相钢焊条	Fef4J（碱性）	E×××（×）-15、E×××（×）-16、E×××（×）-17	Fef4、Fef4J
钢	全部钢焊丝	FefS	全部实芯焊丝和药芯焊丝	FefS
铝及铝合金	纯铝焊丝	AlfS1	ER1100、ER1188	AlfS1、AlfS2、AlfS3
铝及铝合金	铝镁合金焊丝	AlfS2	ER5183、ER5356、ER5554、ER5556、ER5654	AlfS1、AlfS2、AlfS3
铝及铝合金	铝硅合金焊丝	AlfS3	ER4145、ER4047、ER4043	AlfS1、AlfS2、AlfS3
镍及镍合金	纯镍焊条	Nif1	ENi-1	Nif1、Nif2、Nif3、Nif4、Nif5、Buf4
镍及镍合金	镍铜合金焊条	Nif2	ENiBu-7	Nif1、Nif2、Nif3、Nif4、Nif5、Buf4
镍及镍合金	镍基类镍铬铁合金焊条、镍铬钼合金焊条	Nif3	ENiBrFe-1、ENiBrFe-2、ENiBrFe-3、ENiBrFe-4、ENiBrMo-2、ENiBrMo-3、ENiBrMo-4、ENiBrMo-5、ENiBrMo-6、ENiBrMo-7	Nif1、Nif2、Nif3、Nif4、Nif5、Buf4
镍及镍合金	镍钼合金焊条	Nif4	ENiMo-1、ENiMo-3、ENiMo-7	Nif1、Nif2、Nif3、Nif4、Nif5、Buf4
镍及镍合金	铁镍基镍铬钼合金焊条	Nif5	ENiBrMo-1、ENiBrMo-9	Nif1、Nif2、Nif3、Nif4、Nif5、Buf4
镍及镍合金	纯镍焊丝	NifS1	ERNi-1	NifS1、NifS2、NifS3、NifS4、NifS5、BufS4
镍及镍合金	镍铜合金焊丝	NifS2	ERNiBu-7	NifS1、NifS2、NifS3、NifS4、NifS5、BufS4
镍及镍合金	镍基类镍铬铁合金焊丝、镍铬钼合金焊丝	NifS3	ERNiBr-3、ERNiBrFe-5、ERNiBrFe-6、ERNiBrMo-2、ERNiBrMo-3、ERNiBrMo-4、ERNiBrMo-7	NifS1、NifS2、NifS3、NifS4、NifS5、BufS4
镍及镍合金	镍钼合金焊丝	NifS4	ERNiMo-1、ERNiMo-2、ERNiMo-3、ERNiMo-7	NifS1、NifS2、NifS3、NifS4、NifS5、BufS4
镍及镍合金	铁镍基类镍铬钼合金焊丝、镍铬铁合金焊丝	NifS5	ERNiBrMo-1、ERNiBrMo-8、ERNiBrMo-9、ERNiFeBr-1	NifS1、NifS2、NifS3、NifS4、NifS5、BufS4
钛及钛合金	纯钛焊丝	TifS1	ERTi-1、ERTi-2、ERTi-3、ERTi-4	TifS1、TifS2、TifS4

续表

填充金属种类	填充金属类别	试件用填充金属类别代号	相应型号、牌号	适用于焊件填充金属类别范围
钛及钛合金	钛钯合金焊丝	TifS2	ERTi7	TifS1、TifS2、TifS4
钛及钛合金	钛钼镍合金焊丝	TifS4	ERTi-12	TifS1、TifS2、TifS4
铜及铜合金	纯铜焊条	Cuf1	ECu	Cuf1
铜及铜合金	铜硅合金焊条	Cuf2	ECuSi-A、ECuSi-B	Cuf2
铜及铜合金	铜锡合金焊条	Cuf3	ECuSn-A、ECuSn-B	Cuf3
铜及铜合金	铜镍合金焊条	Cuf4	ECuNi-A、ECuNi-B	Cuf4、NifX
铜及铜合金	铜铝合金焊条	Cuf6	ECuAl-A2、ECuAl-B、ECuAl-B	Cuf6
铜及铜合金	铜镍铝合金焊条	Cuf7	ECuAlNi、ECuMnAlNi	Cuf7
铜及铜合金	纯铜焊丝	CufS1	HSCu	CufS1
铜及铜合金	铜硅合金焊丝	CufS2	HSCuSi	CufS2
铜及铜合金	铜锡合金焊丝	CufS3	HSCuSn	CufS3
铜及铜合金	铜镍合金焊丝	CufS4	HSCuNi	CufS4、NifSX
铜及铜合金	铜铝合金焊丝	CufS6	HSCuAl	CufS6
铜及铜合金	铜镍铝合金焊丝	CufS7	HSCuAlNi	CufS7

2.2.2　堆焊焊条的型号

堆焊时，一般根据使用要求来选用不同合金和不同硬度等级的焊条。堆焊焊条的型号如图 2-3 所示。

碳化钨粉的粒度	
型号	粒度分布
EDGWC×-12/30	1.70mm～600μm(-12目～+30目)
EDGWC×-20/30	850～600μm(-12目～+30目)
EDGWC×-30/40	600～425μm(-30目～+40目)
EDGWC×-40	＜425μm(-40目)
EDGWC×-40/120	425～125μm(-40目～+120目)

注：1.焊条型号中的"×"代表"1"或"2"或"3"。
　　2.允许通过（"-"）筛网的筛上物≤5%，不允许通过（"+"）筛网的筛下物≤20%。

碳化钨粉粒度分布为1.70mm～600μm(-12目～+30目)

E　D　GWC -1 - 12/30

焊条

用于表面耐磨堆焊

管状焊条，芯部填充碳化钨粉

碳化钨粉化学成分分类代号

碳化钨粉的化学成分								单位：%
型号	C	Si	Ni	Mo	Co	W	Fe	Th
EDGWC1-××	3.6～4.2	≤0.3	≤0.3	≤0.6	≤0.3	≥94.0	≤1.0	≤0.01
EDGWC2-××	6.0～6.2					≥91.5	≤0.5	
EDGWC3-××	由供需双方商定							

图 2-3　堆焊焊条的型号

 一点通

　　堆焊是指用电焊或气焊法把金属熔化，堆在工具或机器零件上的焊接法。堆焊包括冷焊堆焊、电渣堆焊、弧堆焊等。

2.2.3　堆焊焊条的尺寸

　　堆焊焊条的尺寸如图 2-4 所示。

类别		冷拔焊芯/mm		铸造焊芯/mm		复合焊芯/mm		碳化钨管状/mm	
		直径	长度	直径	长度	直径	长度	直径	长度
基本尺寸		2.00 2.50	230～300	3.2 4.0 5.0	230～350	3.2 4.0 5.0	230～350	2.5 3.2 4.0 5.0	230～350
		3.20 4.00	300～450						
		5.00 6.00 8.00	350～450	6.0 8.0	300～350	6.0 8.0	350～450	6.0 8.0	350～450
极限偏差		±0.08	±3	±0.5	±10	±0.5	±10	±1.0	±10

堆焊焊条的尺寸

注：1.根据供需双方协议，也可生产其他尺寸的焊条。
　　2.焊条夹持端长度为15～30mm。
　　3.焊条引弧端药皮应倒角，焊芯端面应露出，但露芯长度应不大于2mm。

图 2-4　堆焊焊条的尺寸

2.2.4　电焊条

电焊条，就是在手工电弧焊中，电焊条作为电极与母材金属间产生持续稳定的电弧，以提供熔化焊所必需的热量。

手弧焊焊条一般由焊芯、药皮等部分组成。

焊条中被药皮包覆的金属芯称为焊芯。焊条焊芯，一般是用钢丝作为电极以产生电弧。焊芯通过电弧熔化后作为填充金属，与熔化了的母材混合形成焊缝。焊芯含有碳、硅、锰、铬、硫、镍、磷等元素。

药皮是指涂敷在焊芯表面的有效成分。焊条药皮的种类和成分如图2-5所示。

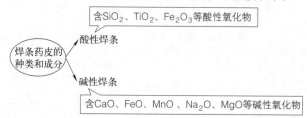

图 2-5　焊条药皮的种类和成分

2.2.5　焊条的表示与选用原则

焊条的表示如图2-6所示。焊条的选用原则如图2-7所示。

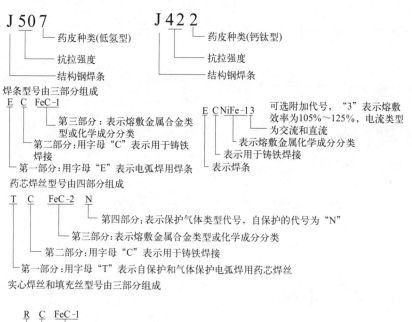

图 2-6　焊条的表示

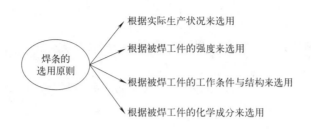

图 2-7　焊条的选用原则

焊条的分类与其表示如下。

结构钢焊条——J。钼和铬耐热钢焊条——R。低温钢焊条——W。不锈钢焊条——A。堆焊焊条——D。铸铁焊条——Z。镍及镍合金焊条——Ni。铜及铜合金焊条——T。铝及铝合金焊条——L。特殊用途焊条——TS。

2.3　铸铁用焊条及焊丝

2.3.1　铸铁用焊条及焊丝的分类

铸铁用焊条及焊丝，根据其焊缝金属与母材同质或异质进行分类。焊缝金属与母材同质，是指铸铁类焊缝金属的显微组织、化学成分、力学性能、焊缝颜色与母材相似。焊缝金属与母材异质，是指焊缝金属与母材属于两种或两种以上的不同种类的金属而进行焊接加工的操作。

铸铁焊缝同质的焊条和焊丝合金类型见表 2-2。

表 2-2　铸铁焊缝同质的焊条和焊丝合金类型

合金类型分类	组织特征	类型
FeC-1（焊条采用铸铁焊芯）	片状石墨	E，R
FeC-2（焊条采用非合金钢焊芯）	片状石墨	E，T
FeC-3	片状石墨	E，T
FeC-3A	片状石墨	E
FeC-3B	球状石墨	E
FeC-4	片状石墨	R
FeC-4A	—	R
FeC-5	片状石墨	R
FeC-GF	铁素体，球状石墨	E，T
FeC-GP1	珠光体，球状石墨	R
FeC-GP2	珠光体，球状石墨	E，T
FeC-GP3	球状石墨	R

 一点通

铸造焊芯的焊条的直径极限偏差一般应为 ±0.3mm。铸造填充丝的圆形横截面直径、方形横截面边长的极限偏差应为 ±0.8mm。

2.3.2 铸铁用焊缝同质的焊条焊丝特性与使用

铸铁用焊缝同质的焊条焊丝特性与使用见表 2-3。

表 2-3 铸铁用焊缝同质的焊条焊丝特性与使用

名称	特　点	推荐应用
FeC-1	（1）此合金类型用作铸铁焊接填充丝和片状石墨灰铸铁铸造焊芯焊条 （2）气焊用填充丝可以是光丝或带有薄药皮填充丝 （3）焊条药皮类型为碱性 - 石墨型 （4）熔敷金属为片状石墨的灰铸铁	灰铸铁焊接
FeC-2	（1）此合金类型用作碱性 - 石墨型药皮的焊条和自保护药芯焊丝 （2）焊芯和管皮均采用非合金钢 （3）焊缝金属为片状石墨的灰铸铁	灰铸铁焊接
FeC-3	（1）此合金类型用作碱性 - 石墨型药皮的焊条和自保护药芯焊丝 （2）焊芯采用灰铸铁或非合金钢 （3）焊缝金属为片状石墨的灰铸铁	灰铸铁焊接
FeC-3A	（1）此合金类型用作钢芯或铸铁芯、强石墨化型药皮铸铁焊条 （2）可交、直流两用	—
FeC-3B	（1）此合金类型用作钢芯或铸铁芯、强石墨化型药皮的球墨铸铁焊条，可交、直流两用 （2）药皮中加入一定量的球化剂，可使焊缝金属中的碳在缓冷过程中呈球状析出，从而使焊缝具有良好的塑性和力学性能 （3）焊缝的颜色与母材相匹配	—
FeC-4	（1）此合金类型用作片状石墨灰铸铁气焊用填充丝 （2）该类填充丝先于铸造灰铸铁熔化，流动性好 （3）这类焊缝一般可机加工，因焊丝与母材金属未充分稀释而形成铁磷化合物的焊缝除外	—
FeC-4A	（1）此合金类型是采用石墨化元素较多的灰铸铁浇铸成焊丝 （2）可以配合焊粉使用 （3）可采用热焊或不预热焊法	适用于中小型薄壁件铸铁的气焊
FeC-5	（1）施焊合适的焊缝强度高于FeC-4类型，适用于强度介于 250～300MPa的灰铸铁 （2）即使未稀释的焊缝金属中也不会形成铁磷化合物，这类焊缝一般更易机加工	用作中强灰铸铁气焊用填充丝
FeC-GF 和 FeC-GP2	（1）此合金类型用作含碱性 - 石墨型药皮的焊条和自保护药芯焊丝 （2）焊芯和管皮均采用非合金钢 （3）该类焊材的熔敷金属是有球状石墨的灰铸铁 （4）FeC-GF 类型显微组织主要为铁素体 （5）FeC-GP2 类型显微组织主要为珠光体	球墨铸铁与中性气氛中退火得到的可锻铸铁焊接
FeC-GP1	（1）施焊合适的熔敷金属中大多数石墨为球形，因焊工的操作不当使得填充丝中添加的镁和铈被氧化的焊缝除外 （2）相较于 FeC-4 和 FeC-5 类型填充丝的熔敷金属，此类型熔敷金属的塑性得到改善，焊后热处理条件下的塑性更是大为提高	用作球墨铸铁和灰铸铁气焊用填充丝。可用于抗拉强度为 400MPa 级别球墨铸铁焊接
FeC-GP3	（1）此合金类型用作球状石墨的填充实心焊丝 （2）含有一定数量的球化剂，焊缝中的石墨呈球状，具有良好的塑性和韧性	球墨铸铁、高强度灰口铸铁及可锻铸铁的气焊

2.3.3　铸铁用焊缝异质的焊条焊丝特性与使用

铸铁用焊缝异质的焊条焊丝特性与使用见表 2-4。

表 2-4　铸铁用焊缝异质的焊条焊丝特性与使用

名称	特　点	推荐应用
Fe-1	（1）此合金类型用作焊条 （2）该类焊条有特殊的药皮，适用于被腐蚀或有锈斑铸铁的单层堆焊，与母材金属熔合良好 （3）此类型焊条易淬硬，不适合填充焊层	宜用此类型焊接材料形成低强度焊缝金属
Fe-2	（1）此合金类型用作焊条和药芯焊丝 （2）焊芯和管皮均采用非合金钢 （3）药皮和药芯均含有碳化物形成元素 （4）焊接铸铁时，第一层焊道的显微组织为带大量碳化物的铁素体。随着碳与碳化物形成元素结合，避免了再形成马氏体的进一步硬化	灰铸铁与球墨铸铁以及可锻铸铁堆焊。在时效铸铁上堆焊过渡层，与母材金属熔合良好
Fe-3	（1）此合金类型用作低碳钢芯、低氢型药皮焊条 （2）药皮中含有大量钒铁，碳化钒均匀分散在焊缝铁素体上，焊缝材料为高钒钢 （3）焊缝致密性好，强度高，但是熔合区白口较严重，加工困难	补焊高强度灰铸铁
Ni-CI	（1）熔敷金属为含一些石墨的高镍合金 （2）相较于镍-铁焊条和填充丝的熔敷金属，铸铁上的单道焊缝塑形更好，更易加工，但由于铸铁中含磷量高，因此抗热裂性较差	用作焊条、实心焊丝和填充丝
Ni-CI-A	（1）此合金类型的成分大部分与 Ni-CI 类型的成分可互换 （2）Ni-CI-A 成分中含有更多的能增强焊接性的铝。然而，额外的铝也溶解在焊缝金属中，易降低塑性	—
Ni-CI-B	（1）此合金类型用作纯镍芯、强石墨化的焊条，交、直流两用，能进行全位置焊接 （2）施焊时，焊件可不预热，是铸铁冷焊焊条中抗裂性、切削加工性、操作工艺、力学性能等综合性能较好的一种焊条	铸铁薄件与加工面的补焊
NiCu	焊接时效铸铁时，与母材金属有良好的熔合性	球墨灰铸铁与中性气氛中退火得到的（黑心）可锻铸铁的大横截面多道焊缝的填充焊道
NiCu-A 和 NiCu-B	熔敷得当则熔深浅、塑性好、易加工	用作焊条、实心焊丝和填充丝
NiFe-1	（1）熔敷金属的强度高于 Ni-CI 类型 （2）NiFe-1 类型的实心焊丝只适用于单道焊、过渡层以及可充分稀释母材的多道焊	用作焊条、实心焊丝和药芯焊丝
NiFe-2	此合金类型用作焊条、实心焊丝和药芯焊丝	球墨铸铁多道焊、中性气氛中退火得到的（黑心）可锻铸铁的多道焊
NiFe-CI	（1）镍-铁合金在高磷铸铁中熔敷金属的抗裂性优于高镍的熔敷金属 （2）单道焊焊缝不易加工，但多道焊焊缝易加工	用作焊条
NiFe-CI-A	成分中有较高含量的铝，与 NiFe-CI 相比，焊缝抗气孔性更强，而塑性有所降低	用作焊条
NiFeCu-CI	（1）用作镍铁铜合金芯或镀铜镍铁芯、强石墨化药皮的铸铁焊条 （2）交、直流两用，能进行全位置焊接 （3）具有强度高、塑性好、抗裂性优良、与母材熔合好等特点	重要灰铸铁、球墨铸铁的补焊

续表

名称	特　点	推荐应用
NiFeMn-CI	（1）用作焊条、实心焊丝和填充丝 （2）镍-铁-锰型熔敷金属塑性好，并且强度高于镍-铁型熔敷金属	主要用于高强度球墨铸铁的修复、连接
NiFeT3-CI	（1）镍-铁合金在高磷铸铁中熔敷金属的抗裂性优于高镍的熔敷金属 （2）单道焊焊缝不易加工，但多道焊焊缝易加工	用作气体保护和自保护电弧焊用药芯焊丝
St	（1）用作低熔点药皮非合金钢焊条，以及实心焊丝、填充丝或者药芯焊丝 （2）主要用于铸铁上小的凹坑、裂纹的修复	仅适于打磨方式加工

2.3.4　铸铁用焊缝同质的铸造填充丝、焊条和药芯焊丝型号对照

铸铁用焊缝同质的铸造填充丝、焊条和药芯焊丝型号对照见表2-5。

表2-5　铸铁用焊缝同质的铸造填充丝、焊条和药芯焊丝型号对照

GB/T 10044—2022	ISO 1071：2015	GB/T 10044—2006	AWS A5.15：1990（R2016）
E/R C FeC-1	E/R C FeC-1	—	—
E/T C FeC-2	E/T C FeC-2	—	—
E/T C FeC-3	E/T C FeC-3	—	—
E C FeC-3A	—	EZC	—
E C FeC-3B	—	EZCQ	—
R C FeC-4	R C FeC-4	RZC-1	RCI
R C FeC-4A	—	RZC-2	—
R C FeC-5	R C FeC-5	RZCH	RCI-A
E/T C FeC-GF	E/T C FeC-GF	—	—
R C FeC-GP1	R C FeC-GP1	RZCQ-1	RCI-B
E/T C FeC-GP2	E/T C FeC-GP2	—	—
R C FeC-GP3		RZCQ-2	

2.3.5　铸铁用焊缝异质的铸造填充丝、焊条和药芯焊丝型号对照

铸铁用焊缝异质的铸造填充丝、焊条和药芯焊丝型号对照见表2-6。

表2-6　铸铁用焊缝异质的铸造填充丝、焊条和药芯焊丝型号对照

GB/T 10044—2022	ISO 1071：2015	GB/T 10044—2006	AWS A5.15：1990（R2016）
E/S/T C Fe-1	E/S/T C Fe-1	—	—
E/S/T C St	E/S/T C St	—	—
E/T C Fe-2	E/T C Fe-2	—	—
E C Fe-3	—	EZV	—
E C Ni-CI	E C Ni-CI	EZNi-2	E Ni-CI
S C Ni-CI	S C Ni-CI	ERZNi	ER Ni-CI
E C Ni-CI-A	E C Ni-CI-A	EZNi-3	E Ni-CI-A

续表

GB/T 10044—2022	ISO 1071: 2015	GB/T 10044 — 2006	AWS A5.15: 1990（R2016）
E C Ni-CI-B	—	EZNi-1	—
E/S T C NiFe-1	E/S T C NiFe-1	—	—
E/S T C NiFe-2	E/S T C NiFe-2	—	—
E C NiFe-CI	E C NiFe-CI	EZNiFe-1	E NiFe-CI
T C NiFeT3-CI	T C NiFeT3-CI	ET3ZNiFe	E NiFeT3-CI
E C NiFe-CI-A	E C NiFe-CI-A	EZNiFe-2	E NiFe-CI-A
E C NiFeMn-CI	E C NiFeMn-CI	EZNiFeMn	E NiFeMn-CI
S C NiFeMn-CI	S C NiFeMn-CI	ERZNiFeMn	ER NiFeMn-CI
E C NiFeCu-CI	—	EZNiFeCu	—
E/S C NiCu	E/S C NiCu	—	—
E C NiCu-A	E C NiCu-A	EZNiCu-2	E NiCu-A
S C NiCu-A	S C NiCu-A	—	—
E C NiCu-B	E C NiCu-B	EZNiCu-1	E NiCu-B
S C NiCu-B	S C NiCu-B	—	—

2.3.6　焊缝异质的焊条及焊丝熔敷金属（焊态）的拉伸性能参考值

焊缝异质的焊条及焊丝熔敷金属（焊态）的拉伸性能参考值见表 2-7。

表 2-7　焊缝异质的焊条及焊丝熔敷金属（焊态）的拉伸性能参考值

化学成分分类	焊条及焊丝型号	断后伸长率 A/%	规定塑性延伸强度 $R_{p0.2}$/MPa	抗拉强度 R_m/MPa
Ni-CI	E C Ni-CI S C Ni-CI	≥ 3	≥ 200	≥ 250
Ni-CI-A	E C Ni-CI-A	≥ 3	≥ 200	≥ 250
Ni-CI-B	E C Ni-CI-B	≥ 3	≥ 200	≥ 250
NiFe-1	E C NiFe-1 S C NiFe-1 T C NiFe-1	≥ 6	≥ 290	≥ 420
NiFe-2	E C NiFe-2 S C NiFe-2 T C NiFe-2	≥ 6	≥ 290	≥ 420
NiFe-CI	E C NiFe-CI	≥ 6	≥ 250	≥ 350
NiFeT3-CI	T C NiFeT3-CI	≥ 12	≥ 250	≥ 350
NiFe-CI-A	E C NiFe-CI-A	≥ 4	≥ 250	≥ 350
NiFeMn-CI	E C NiFeMn-CI	≥ 10	≥ 350	≥ 450
	S C NiFeMn-CI	≥ 15	≥ 350	≥ 450
NiFeCu-CI	E C NiFeCu-CI	≥ 6	≥ 290	≥ 420
NiCu	E C NiCu	≥ 15	≥ 190	≥ 300
Fe-1	E C Fe-1	仅用于堆焊（过渡层）	仅用于堆焊（过渡层）	仅用于堆焊（过渡层）
St	E C St	仅用于堆焊（过渡层）	仅用于堆焊（过渡层）	仅用于堆焊（过渡层）
Fe-2	E C Fe-2 T C Fe-2	≥ 8	≥ 320	≥ 440
Fe-3	E C Fe-3	≥ 10	≥ 350	≥ 450

2.4 其他具体填充金属

2.4.1 不锈钢焊条

不锈钢焊条的型号如图 2-8 所示。不锈钢焊条是指涂有以不锈钢为原料的一类焊条。不锈钢焊条可以分为铬不锈钢焊条、铬镍不锈钢焊条等。

铬不锈钢焊条包括 Cr13 系列不锈钢焊条、Cr17 系列不锈钢焊条等。

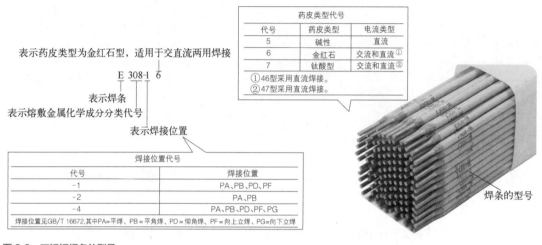

表示药皮类型为金红石型，适用于交直流两用焊接

药皮类型代号		
代号	药皮类型	电流类型
5	碱性	直流
6	金红石	交流和直流①
7	钛酸型	交流和直流②
①46型采用直流焊接。		
②47型采用直流焊接。		

E 308-1 6

表示焊条
表示熔敷金属化学成分分类代号
表示焊接位置

焊接位置代号	
代号	焊接位置
-1	PA、PB、PD、PF
-2	PA、PB
-4	PA、PB、PD、PF、PG
焊接位置见GB/T 16672,其中PA=平焊、PB=平角焊、PD=仰角焊、PF=向上立焊、PG=向下立焊	

焊条的型号

图 2-8 不锈钢焊条的型号

不锈钢焊条熔敷金属化学成分见表 2-8。

表 2-8 不锈钢焊条熔敷金属化学成分

焊条型号[1]	化学成分（质量分数）[2]/%									
	C	Mn	Si	P	S	Cr	Ni	Mo	Cu	其他
E209-××	0.06	4.0~7.0	1.00	0.04	0.03	20.5~24.0	9.5~12.0	1.5~3.0	0.75	N: 0.10~0.30 V: 0.10~0.30
E219-××	0.06	8.0~10.0	1.00	0.04	0.03	19.0~21.5	5.5~7.0	0.75	0.75	N: 0.10~0.30
E240-××	0.06	10.5~13.5	1.00	0.04	0.03	17.0~19.0	4.0~6.0	0.75	0.75	N: 0.10~0.30
E307-××	0.04~0.14	3.30~4.75	1.00	0.04	0.03	18.0~21.5	9.0~10.7	0.5~1.5	0.75	—
E308-××	0.08	0.5~2.5	1.00	0.04	0.03	18.0~21.0	9.0~11.0	0.75	0.75	—
E308H-××	0.04~0.08	0.5~2.5	1.00	0.04	0.03	18.0~21.0	9.0~11.0	0.75	0.75	—
E308L-××	0.04	0.5~2.5	1.00	0.04	0.03	18.0~21.0	9.0~12.0	0.75	0.75	—
E308Mo-××	0.08	0.5~2.5	1.00	0.04	0.03	18.0~21.0	9.0~12.0	2.0~3.0	0.75	—
E308LMo-××	0.04	0.5~2.5	1.00	0.04	0.03	18.0~21.0	9.0~12.0	2.0~3.0	0.75	—
E309L-××	0.04	0.5~2.5	1.00	0.04	0.03	22.0~25.0	12.0~14.0	0.75	0.75	—

续表

焊条型号[1]	化学成分（质量分数）[2]/%									
	C	Mn	Si	P	S	Cr	Ni	Mo	Cu	其他
E309-××	0.15	0.5～2.5	1.00	0.04	0.03	22.0～25.0	12.0～14.0	0.75	0.75	—
E309H-××	0.04～0.15	0.5～2.5	1.00	0.04	0.03	22.0～25.0	12.0～14.0	0.75	0.75	—
E309LNb-××	0.04	0.5～2.5	1.00	0.040	0.030	22.0～25.0	12.0～14.0	0.75	0.75	Nb+Ta:0.70～1.00
E309Nb-××	0.12	0.5～2.5	1.00	0.04	0.03	22.0～25.0	12.0～14.0	0.75	0.75	Nb+Ta:0.70～1.00
E309Mo-××	0.12	0.5～2.5	1.00	0.04	0.03	22.0～25.0	12.0～14.0	2.0～3.0	0.75	—
E309LMo-××	0.04	0.5～2.5	1.00	0.04	0.03	22.0～25.0	12.0～14.0	2.0～3.0	0.75	—
E310-××	0.08～0.20	1.0～2.5	0.75	0.03	0.03	25.0～28.0	20.0～22.5	0.75	0.75	—
E310H-××	0.35～0.45	1.0～2.5	0.75	0.03	0.03	25.0～28.0	20.0～22.5	0.75	0.75	—
E310Nb-××	0.12	1.0～2.5	0.75	0.03	0.03	25.0～28.0	20.0～22.0	0.75	0.75	Nb+Ta:0.70～1.00
E310Mo-××	0.12	1.0～2.5	0.75	0.03	0.03	25.0～28.0	20.0～22.0	2.0～3.0	0.75	—
E312-××	0.15	0.5～2.5	1.00	0.04	0.03	28.0～32.0	8.0～10.5	0.75	0.75	—
E316-××	0.08	0.5～2.5	1.00	0.04	0.03	17.0～20.0	11.0～14.0	2.0～3.0	0.75	—
E316H-××	0.04～0.08	0.5～2.5	1.00	0.04	0.03	17.0～20.0	11.0～14.0	2.0～3.0	0.75	—
E316L-××	0.04	0.5～2.5	1.00	0.04	0.03	17.0～20.0	11.0～14.0	2.0～3.0	0.75	—
E316LCu-××	0.04	0.5～2.5	1.00	0.040	0.030	17.0～20.0	11.0～16.0	1.20～2.75	1.00～2.50	—
E316LMn-××	0.04	5.0～8.0	0.90	0.04	0.03	18.0～21.0	15.0～18.0	2.5～3.5	0.75	N:0.10～0.25
E317-××	0.08	0.5～2.5	1.00	0.04	0.03	18.0～21.0	12.0～14.0	3.0～4.0	0.75	—
E317L-××	0.04	0.5～2.5	1.00	0.04	0.03	18.0～21.0	12.0～14.0	3.0～4.0	0.75	—
E317MoCu-××	0.08	0.5～2.5	0.90	0.035	0.030	18.0～21.0	12.0～14.0	2.0～2.5	2	—
E317LMoCu-××	0.04	0.5～2.5	0.90	0.035	0.030	18.0～21.0	12.0～14.0	2.0～2.5	2	—
E318-××	0.08	0.5～2.5	1.00	0.04	0.03	17.0～20.0	11.0～14.0	2.0～3.0	0.75	Nb+Ta:6×C～1.00
E318V-××	0.08	0.5～2.5	1.00	0.035	0.03	17.0～20.0	11.0～14.0	2.0～2.5	0.75	V:0.30～0.70
E320-××	0.07	0.5～2.5	0.60	0.04	0.03	19.0～21.0	32.0～36.0	2.0～3.0	3.0～4.0	Nb+Ta:8×C～1.00
E320LR-××	0.03	1.5～2.5	0.30	0.020	0.015	19.0～21.0	32.0～36.0	2.0～3.0	3.0～4.0	Nb+Ta:8×C～0.40
E330-××	0.18～0.25	1.0～2.5	1.00	0.04	0.03	14.0～17.0	33.0～37.0	0.75	0.75	—

焊条型号[1]	化学成分（质量分数）[2]/%									
	C	Mn	Si	P	S	Cr	Ni	Mo	Cu	其他
E330H-××	0.35～0.45	1.0～2.5	1.00	0.04	0.03	14.0～17.0	33.0～37.0	0.75	0.75	—
E330MoMnWNb-××	0.20	3.5	0.70	0.035	0.030	15.0～17.0	33.0～37.0	2.0～3.0	0.75	Nb: 1.0～2.0 W: 2.0～3.0
E347-××	0.08	0.5～2.5	1.00	0.04	0.03	18.0～21.0	9.0～11.0	0.75	0.75	Nb+Ta: 8×C～1.00
E347L-××	0.04	0.5～2.5	1.00	0.040	0.030	18.0～21.0	9.0～11.0	0.75	0.75	Nb+Ta: 8×C～1.00
E349-××	0.13	0.5～2.5	1.00	0.04	0.03	18.0～21.0	8.0～10.0	0.35～0.65	0.75	Nb+Ta: 0.75～1.20 V: 0.10～0.30 Ti≤0.15 W: 1.25～1.75
E383-××	0.03	0.5～2.5	0.90	0.02	0.02	26.5～29.0	30.0～33.0	3.2～4.2	0.6～1.5	
E385-××	0.03	1.0～2.5	0.90	0.03	0.02	19.5～21.5	24.0～26.0	4.2～5.2	1.2～2.0	
E409Nb-××	0.12	1.00	1.00	0.040	0.030	11.0～14.0	0.60	0.75	0.75	Nb+Ta: 0.05～1.50
E410-××	0.12	1.0	0.90	0.04	0.03	11.0～14.0	0.70	0.75	0.75	—
E410NiMo-××	0.06	1.0	0.90	0.04	0.03	11.0～12.5	4.0～5.0	0.40～0.70	0.75	—
E430-××	0.10	1.0	0.90	0.04	0.03	15.0～18.0	0.6	0.75	0.75	
E430Nb-××	0.10	1.00	1.00	0.040	0.030	15.0～18.0	0.60	0.75	0.75	Nb+Ta: 0.50～1.50
E630-××	0.05	0.25～0.75	0.75	0.04	0.03	16.00～16.75	4.5～5.0	0.75	3.25～4.00	Nb+Ta: 0.15～0.30
E16-8-2-××	0.10	0.5～2.5	0.60	0.03	0.03	14.5～16.5	7.5～9.5	1.0～2.0	0.75	—
E16-25MoN-××	0.12	0.5～2.5	0.90	0.035	0.030	14.0～18.0	22.0～27.0	5.0～7.0	0.75	N: ≥0.1
E2209-××	0.04	0.5～2.0	1.00	0.04	0.03	21.5～23.5	7.5～10.5	2.5～3.5	0.75	N: 0.08～0.20
E2553-××	0.06	0.5～1.5	1.0	0.04	0.03	24.0～27.0	6.5～8.5	2.9～3.9	1.5～2.5	N: 0.10～0.25
E2593-××	0.04	0.5～1.5	1.0	0.04	0.03	24.0～27.0	8.5～10.5	2.9～3.9	1.5～3.0	N: 0.08～0.25
E2594-××	0.04	0.5～2.0	1.00	0.04	0.03	24.0～27.0	8.0～10.5	3.5～4.5	0.75	N: 0.20～0.30
E2595-××	0.04	2.5	1.2	0.03	0.025	24.0～27.0	8.0～10.5	2.5～4.5	0.4～1.5	N: 0.20～0.30 W: 0.4～1.0
E3155-××	0.10	1.0～2.5	1.00	0.04	0.03	20.0～22.5	19.0～21.0	2.5～3.5	0.75	Nb+Ta: 0.75～1.25 Co: 18.5～21.0 W: 2.0～3.0
E33-31-××	0.03	2.5～4.0	0.9	0.02	0.01	31.0～35.0	30.0～32.0	1.0～2.0	0.4～0.8	N: 0.3～0.5

① 焊条型号中 ×× 表示焊接位置和药皮类型。

② 化学成分应按表中规定的元素进行分析。如果在分析过程中发现其他化学成分，则应进一步分析这些元素的含量，除铁外，不应超过 0.5%。

注：表中单值为最大值。

一点通

　　低合金钢＋奥氏体不锈钢，应按照对熔敷金属化学成分限定的数值来选用焊条，一般选用
铬和镍含量较高的、塑性和抗裂性较好的 Cr25-Ni13 型等奥氏体钢焊条，以避免因产生脆性淬硬
组织而导致的裂纹。选择铬镍不锈钢焊条时，应考虑焊件的工作温度、介质种类等。

2.4.2　不锈钢焊条不同标准焊条型号对应

　　不锈钢焊条不同标准焊条型号对应见表 2-9。

表 2-9　不锈钢焊条不同标准焊条型号对应

GB/T 983—2012 焊条型号	ISO 3581: 2003 焊条型号	AWS A5.4M: 2006 焊条型号	GB/T 983—1995 焊条型号
E209-××	ES209-××	E209-××	E209-××
E219-××	ES219-××	E219-××	E219-××
E240-××	ES240-××	E240-××	E240-××
E307-××	ES307-××	E307-××	E307-××
E308-××	ES308-××	E308-××	E308-××
E308H-××	ES308H-××	E308H-××	E308H-××
E308L-××	ES308L-××	E308L-××	E308L-××
E308Mo-××	ES308Mo-××	E308Mo-××	E308Mo-××
E308LMo-××	ES308LMo-××	E308LMo-××	E308MoL-××
E309L-××	ES309L-××	E309L-××	E309L-××
E309-××	ES309-××	E309-××	E309-××
E309H-××	—	E309H-××	—
E309LNb-××	ES309LNb-××	—	—
E309Nb-××	ES309Nb-××	E309Nb-××	E309Nb-××
E309Mo-××	ES309Mo-××	E309Mo-××	E309Mo-××
E309LMo-××	ES309LMo-××	E309LMo-××	E309MoL-××
E310-××	ES310-××	E310-××	E310-××
E310H-××	ES310H-××	E310H-××	E310H-××
E310Nb-××	ES310Nb-××	E310Nb-××	E310Nb-××
E310Mo-××	ES310Mo-××	E310Mo-××	E310Mo-××
E312-××	ES312-××	E312-××	E312-××
E316-××	ES316-××	E316-××	E316-××
E316H-××	ES316H-××	E316H-××	E316H-××
E316L-××	ES316L-××	E316L-××	E316L-××
E316LCu-××	ES316LCu-××		
E316LMn-××	—	E316LMn-××	—
E317-××	ES317-××	E317-××	E317-××
E317L-××	ES317L-××	E317L-××	E317L-××
E317MoCu-××	—	—	E317MoCu-××
E317LMoCu-××	—	—	E317MoCoL-××

续表

GB/T 983—2012 焊条型号	ISO 3581: 2003 焊条型号	AWS A5.4M: 2006 焊条型号	GB/T 983—1995 焊条型号
E318-××	ES318-××	E318-××	E318-××
E318V-××	—	—	E318V-××
E320-××	ES320-××	E320-××	E320-××
E320LR-××	ES320LR-××	E320LR-××	E320LR-××
E330-××	ES330-××	E330-××	E330-××
E330H-××	ES330H-××	E330H-××	E330H-××
E330MoMnWNb-××	—	—	E330MoMnWNb-××
E347-××	ES347-××	E347-××	E347-××
E347L-××	ES347L-××	—	—
E349-××	ES349-××	E349-××	E349-××
E383-××	ES383-××	E383-××	E383-××
E385-××	ES385-××	E385-××	E385-××
E409Nb-××	ES409Nb-××	E409Nb-××	—
E410-××	ES410-××	E410-××	E410-××
E410NiMo-××	ES410NiMo-××	E410NiMo-××	E410NiMo-××
E430-××	ES430-××	E430-××	E430-××
E430Nb-××	ES430Nb-××	E430Nb-××	—
E630-××	ES630-××	E630-××	E630-××
E16-8-2-××	ES16-8-2-××	E16-8-2-××	E16-8-2-××
E16-25MoN-××	—	—	E16-25MoN-××
E2209-××	ES2209-××	E2209-××	E2209-××
E2253-××	ES2553-××	E2553-××	E2553-××
E2593-××	ES2593-××	E2593-××	—
E2594-××	—	E2594-××	—
E2595-××	—	E2595-××	—
E3155-××	—	E3155-××	—
E33-31-××	—	E33-31-××	—

一点通

　　有的不锈复合钢板的焊接，应针对基层、复层、过渡层的焊接，选用三种不同性能的焊条。基层（碳钢或低合金钢）的焊接，可以选用相应强度等级的结构钢焊条。如果复层直接与腐蚀介质接触，则应选用相应成分的奥氏体不锈钢焊条。过渡层的焊接，需要考虑基体材料的稀释作用，有的可以选用铬和镍含量较高、塑性和抗裂性好的 Cr25-Ni13 型等奥氏体不锈钢焊条。

2.4.3　非合金钢及细晶粒钢焊条

　　非合金钢包括碳素钢、电工用钢及其他具有特殊性能的钢。非合金钢及细晶粒钢焊条的型号如图 2-9 所示。

熔敷金属抗拉强度代号	
抗拉强度代号	最小抗拉强度值/MPa
43	430
50	490
55	550
57	570

E 55 15-N5 P U H10

- 表示焊条
- 表示熔敷金属抗拉强度最小值为550MPa
- 表示药皮类型为碱性，适用于全位置焊接，采用直流反接
- 表示熔敷金属化学成分分类代号
- 表示焊后状态代号，此处表示热处理状态
- 可选附加代号，表示在规定温度下，冲击吸收能量在47J以上
- 可选附加代号，表示熔敷金属扩散氢含量不大于10mL/100g

药皮类型代号			
代号	药皮类型	焊接位置①	电流类型
03	钛型	全位置②	交流和直流正、反接
10	纤维素	全位置	直流反接
11	纤维素	全位置	交流和直流反接
12	金红石	全位置②	交流和直流正接
13	金红石	全位置②	交流和直流正、反接
14	金红石+铁粉	全位置②	交流和直流正、反接
15	碱性	全位置②	直流反接
16	碱性	全位置②	交流和直流反接
18	碱性+铁粉	全位置②	交流和直流反接
19	钛铁矿	全位置②	交流和直流正、反接
20	氧化铁	PA、PB	交流和直流正接
24	金红石+铁粉	PA、PB	交流和直流正、反接
27	氧化铁+铁粉	PA、PB	交流和直流正、反接
28	碱性+铁粉	PA、PB、PC	交流和直流反接
40	不做规定		由制造商确定
45	碱性	全位置	直流反接
48	碱性	全位置	交流和直流反接

① 其中PA=平焊、PB=平角焊、PC=横焊。
② 此处"全位置"并不一定包含向下立焊，由制造商确定。

熔敷金属化学成分分类代号					
分类代号	主要化学成分的名义含量(质量分数)/%				
	Mn	Ni	Cr	Mu	Cu
无标记-1-P1-P2	1.0	—	—	—	—
-1M3	—	—	—	0.5	—
-3M2	1.5	—	—	0.4	—
-3M3	1.5	—	—	0.5	—
-N1	—	0.5	—	—	—
-N2	—	1.0	—	—	—
-N3	—	1.5	—	—	—
-3N3	1.5	1.5	—	—	—
-N5	—	2.5	—	—	—
-N7	—	3.5	—	—	—
-N13	—	6.5	—	—	—
-N2M3	—	1.0	—	0.5	—
-NC	—	0.5	—	—	0.4
-CC	—	—	0.5	—	0.4
-NCC	—	0.2	0.6	—	0.5
-NCC1	—	0.6	0.6	—	0.5
-NCC2	—	0.3	0.2	—	0.5
-G	其他成分				

图 2-9 非合金钢及细晶粒钢焊条的型号

2.4.4 非合金钢及细晶粒钢焊条不同标准焊条型号对应

非合金钢及细晶粒钢焊条不同标准焊条型号对应见表 2-10。

表 2-10 非合金钢及细晶粒钢焊条不同标准焊条型号对应

GB/T 5117—2012 焊条型号	AWS A5.1M: 2004 焊条型号	AWS A5.5M: 2006 焊条型号	ISO 2560: 2009 焊条型号	GB/T 5117—1995 焊条型号	GB/T 5118—1995 焊条型号
碳钢					
E4303	—	—	E4303	E4303	—
E4310	E4310	—	E4310	E4310	
E4311	E4311	—	E4311	E4311	
E4312	E4312	—	E4312	E4312	
E4313	E4313	—	E4313	E4313	
E4315	—	—	—	E4315	
E4316	—	—	E4316	E4316	
E4318	E4318	—	E4318	—	
E4319	E4319	—	E4319	E4301	
E4320	E4320	—	E4320	E4320	
E4324	—	—	E4324	E4324	
E4327	E4327	—	E4327	E4327	
E4328	—	—	—	E4328	
E4340	—	—	E4340	E4300	
E5003	—	—	E4903	E5003	
E5010	—	—	E4910	E5010	
E5011	—	—	E4911	E5011	
E5012	—	—	E4912	—	
E5013	—	—	E4913	—	

GB/T 5117—2012 焊条型号	AWS A5.1M: 2004 焊条型号	AWS A5.5M: 2006 焊条型号	ISO 2560: 2009 焊条型号	GB/T 5117—1995 焊条型号	GB/T 5118—1995 焊条型号
E5014	E4914	—	E4914	E5014	—
E5015	E4915	—	E4915	E5015	—
E5016	E4916	—	E4916	E5016	—
E5016-1	—	—	E4916-1	—	—
E5018	E4918	—	E4918	E5018	—
E5018-1	—	—	E4918-1	—	—
E5019	—	—	E4919	E5001	—
E5024	E4924	—	E4924	E5024	—
E5024-1	—	—	E4924-1	—	—
E5027	E4927	—	E4927	E5027	—
E5028	E4928	—	E4928	E5028	—
E5048	E4948	—	E4948	E5048	—
E5716	—	—	E5716	—	—
E5728	—	—	E5728	—	—
管线钢					
E5010-P1	—	E4910-P1	E4910-P1	—	—
E5510-P1	—	E5510-P1	E5510-P1	—	—
E5518-P2	—	E5518-P2	E5518-P2	—	—
E5545-P2	—	E5545-P2	E5545-P2	—	—
碳钼钢					
E5003-1M3	—	—	—	—	E5003-A1
E5010-1M3	—	E4910-A1	E4910-1M3	—	E5010-A1
E5011-1M3	—	E4911-A1	E4911-1M3	—	E5011-A1
E5015-1M3	—	E4915-A1	E4915-1M3	—	E5015-A1
E5016-1M3	—	E4916-A1	E4916-1M3	—	E5016-A1
E5018-1M3	—	E4918-A1	E4918-1M3	—	E5018-A1
E5019-1M3	—	—	E4919-1M3	—	—
E5020-1M3	—	E4920-A1	E4920-1M3	—	E5020-A1
E5027-1M3	—	E4927-A1	E4927-1M3	—	E5027-A1
锰钼钢					
E5518-3M2	—	E5518-D1	E5518-3M2	—	—
E5515-3M3	—	—	—	—	E5515-D3
E5516-3M3	—	E5516-D3	E5516-3M3	—	E5516-D3
E5518-3M3	—	E5518-D3	E5518-3M3	—	E5518-D3
镍钢					
E5015-N1	—	—	—	—	—
E5016-N1	—	—	E4916-N1	—	—
E5028-N1	—	—	E4928-N1	—	—
E5515-N1	—	—	—	—	—
E5516-N1	—	—	E5516-N1	—	—
E5528-N1	—	—	E5528-N1	—	—
E5015-N2	—	—	—	—	—
E5016-N2	—	—	E4916-N2	—	—
E5018-N2	—	E4918-C3L	E4918-N2	—	—
E5515-N2	—	—	—	—	E5515-C3
E5516-N2	—	E5516-C3	E5516-N2	—	E5516-C3
E5518-N2	—	E5518-C3	E5518-N2	—	E5518-C3
E5015-N3	—	—	—	—	—
E5016-N3	—	—	E4916-N3	—	—
E5515-N3	—	—	—	—	—
E5516-N3	—	E5516-C4	E5516-N3	—	—
E5516-3N3	—	—	E5516-3N3	—	—
E5518-N3	—	E5518-C4	E5518-N3	—	—

续表

GB/T 5117—2012 焊条型号	AWS A5.1M: 2004 焊条型号	AWS A5.5M: 2006 焊条型号	ISO 2560: 2009 焊条型号	GB/T 5117—1995 焊条型号	GB/T 5118—1995 焊条型号
E5015-N5	—	E4915-C1L	E4915-N5	—	E5015-C1L
E5016-N5	—	E4916-C1L	E4916-N5	—	E5016-C1L
E5018-N5	—	E4918-C1L	E4918-N5	—	E5018-C1L
E5028-N5	—	—	E4928-N5	—	—
E5515-N5	—	—	—	—	E5515-C1
E5516-N5	—	E5516-C1	E5516-N5	—	E5516-C1
E5518-N5	—	E5518-C1	E5518-N5	—	E5518-C1
E5015-N7	—	E4915-C2L	E4915-N7	—	E5015-C2L
E5016-N7	—	E4916-C2L	E4916-N7	—	E5016-C2L
E5018-N7	—	E4918-C2L	E4918-N7	—	E5018-C2L
E5515-N7	—	—	—	—	—
E5516-N7	—	E5516-C2	E5516-N7	—	E5516-C2
E5518-N7	—	E5518-C2	E5518-N7	—	E5518-C2
E5515-N13	—	—	—	—	—
E5516-N13	—	—	E5516-N13	—	—
镍钼钢					
E5518-N2M3	—	—	E5518-NM1	E5518-N2M3	E5518-NM
耐候钢					
E5003-NC	—	—	E4903-NC	—	—
E5016-NC	—	—	E4916-NC	—	—
E5028-NC	—	—	E4928-NC	—	—
E5716-NC	—	—	E5716-NC	—	—
E5728-NC	—	—	E5728-NC	—	—
E5003-CC	—	—	E4903-CC	—	—
E5016-CC	—	—	E4916-CC	—	—
E5028-CC	—	—	E4928-CC	—	—
E5716-CC	—	—	E5716-CC	—	—
E5728-CC	—	—	E5728-CC	—	—
E5003-NCC	—	—	E4903-NCC	—	—
E5016-NCC	—	—	E4916-NCC	—	—
E5028-NCC	—	—	E4928-NCC	—	—
E5716-NCC	—	—	E5716-NCC	—	—
E5728-NCC	—	—	E5728-NCC	—	—
E5003-NCC1	—	—	E4903-NCC1	—	—
E5016-NCC1	—	—	E4916-NCC1	—	—
E5028-NCC1	—	—	E4928-NCC1	—	—
E5516-NCC1	—	—	E5516-NCC1	—	—
E5518-NCC1	—	E5518-W2	E5518-NCC1	—	E5518-W
E5716-NCC1	—	—	E5716-NCC1	—	—
E5728-NCC1	—	—	E5728-NCC1	—	—
E5016-NCC2	—	—	E4916-NCC2	—	—
E5018-NCC2	—	E4918-W1	E4918-NCC2	—	E5018-W
其他					
E50××-G	—	—	E49××-G	—	E50××-G
E55××-G	—	—	E55××-G	—	E55××-G
E57××-G	—	—	E57××-G	—	—

2.4.5　常用碳素钢及合金钢焊接材料选用

常用碳素钢及合金钢焊接材料选用见表 2-11。

表2-11　常用碳素钢及合金钢焊接材料选用

| 母材牌号 | | 焊条电弧焊 | | 埋弧焊 | | 熔化极气体保护电弧焊（CO₂，实芯） | 惰性气体保护电弧焊（Ar，实芯） |
新牌号	旧牌号	焊条型号	牌号示例	焊丝型号	焊丝-焊剂组合	焊丝型号	焊丝型号
022Cr17Ni14Mo2	00Cr17Ni14Mo2	E316L-16	A022	H0Cr19Ni14Mo3	F316L FB-S316L	—	H00Cr19Ni12Mo2; S316L
022Cr19Ni10	00Cr19Ni10	E308L-16	A002	H00Cr21Ni10	F308L FB-S308L	—	H00Cr21Ni10; S308L
022Cr19Ni13Mo3	00Cr19Ni13Mo3	E317L-16	A022Mo	—	—	—	S317L
06Cr17Ni12Mo2	0Cr17Ni12Mo2	E316-16; E316-15	A202; A207	H0Cr19Ni12Mo2	F316 FB-S316	—	H0Cr19Ni12Mo2; S316
06Cr17Ni12Mo2Ti	0Cr18Ni12Mo2Ti	E316L-16; E318-16	A022; A212	H0Cr19Ni12Mo2	F318 FB-S3182	—	H0Cr19Ni12Mo2; S318
06Cr18Ni11Ti; 07Cr19Ni11Ti	0Cr18Ni10Ti; 1Cr18Ni11Ti	E347-16; E347-15	A132; A137	H0Cr20Ni10Nb	F347 FB-S347	—	H0Cr20Ni10Nb; S347
06Cr19Ni13Mo3	0Cr19Ni13Mo3	E317-16	A242	H0Cr19Ni14Mo3	F317 FB-S317	—	H0Cr19Ni14Mo3; S317
06Cr23Ni13	0Cr23Ni13	E309-16; E309-15	A302; A307	H1Cr24Ni13	F309 FB-S309	—	H1Cr24Ni13; S309
06Cr25Ni20	0Cr25Ni20	E310-16; E310-15	A402; A407	H1Cr26Ni21	F310 FB-S310	—	H1Cr26Ni21; S310
09MnNiDR; 09MnNiD	—	E5515-C1L		—	—	—	ER55-Ni3
12Cr18Ni9; 06Cr19Ni10	1Cr18Ni9; 0Cr18Ni9	E308-16; E308-15	A102; A107	H0Cr21Ni10	F308 FB-S308	—	H0Cr21Ni10; S308
12Cr1MoV; 12Cr1MoVG; 12Cr1MoVR	—	E5515-B2-V	R317	H08CrMoVA	S55 Y AB-SU1CMV	—	ER55-B2-MnV; H08CrMoVA

续表

母材牌号		焊条电弧焊			埋弧焊		熔化极气体保护电弧焊（CO₂、实芯）	惰性气体保护电弧焊（Ar、实芯）
新牌号	旧牌号	焊条 型号	牌号示例	焊剂型号	焊丝-焊剂组合	焊丝型号	焊丝型号	

新牌号	旧牌号	焊条型号	牌号示例	焊剂型号	焊丝-焊剂组合	焊丝型号	焊丝型号
12Cr2Mo、12Cr2MoG、12Cr2MoR	—	E6015-B3	R407	H05SiCr2MoA	S62 YU FB-SU2C1M1	—	ER62-B3
12Cr9Mo	—	E6215-9C1M	R707			—	ER62-B9
12CrMo；12CrMoG	—	E5515-B1	R207	H13CrMoA	S55 3 FB-SU1CM1	—	H13CrMoA
15CrMo；15CrMoG；15CrMoR	—	E5515-B2	R307	H13CrMoA	S55 2 AB-SU1CM3	—	ER55-B2；H13CrMoA
16MnDR；Q345E；16MnD	—	E5015-G；E5016-G	J507RH；J506RH	—	S49A4U FB-SU34	—	ER55-Ni1
18MnMoNbR	—	E6015-D1	J607	H08Mn2MoA	S62P4 AB-SUM31	—	—
1Cr5Mo；12Cr5Mo	1Cr5Mo	ECr5Mo-15；E5515-5CM	R507		S55 Y AB-SU5CM	—	H1Cr5Mo；ER55-B6
Q235A；10号钢；20号钢	—	E4303；E4315	J422；J427	H08A；H08MnA	S43A0CS-SU08A	ER49-1；ER50-6；H08Mn2SiA	ER49-1；ER50-6；H08Mn2SiA
Q235B；Q235C；Q235D；Q245R	—	E4315；E4316	J427；J426	H08A；H08MnA	S43A2MS-SU08A	ER50-6；H08Mn2SiA	ER50-6；H08Mn2SiA
Q345A	—	E5003；E5015；E5016	J502；J507；J506	H08MnA；H10Mn2	S49A2U AB-SU34	ER49-1；H08Mn2Si	ER49-1；H08Mn2Si
Q345B；Q345C；Q345D；Q345R；16Mn	—	E5015；E5016	J507；J506	H08MnA；H10Mn2	S49A4 FB-SU34	ER50-2；ER50-3；ER50-6；H08Mn2SiA	ER50-2；ER50-3；ER50-6；H08Mn2SiA

2.4.6　常用异种碳素钢及合金钢焊接材料选用

常用异种碳素钢及合金钢焊接材料选用见表2-12。

表2-12　常用异种碳素钢及合金钢焊接材料选用

被焊钢材种类	母材牌号举例	焊条电弧焊 焊条 型号	焊条电弧焊 焊条 牌号示例	埋弧焊 焊丝型号	埋弧焊 焊丝-焊剂组合	熔化极气体保护电弧焊（CO_2、实芯）焊丝型号	惰性气体保护电弧焊（Ar、实芯）焊丝型号
非奥氏体钢与奥氏体钢焊接	20号钢；Q345R；15CrMo等；06Cr19Ni10；06Cr17Ni12Mo2 等	E309-15；E309-16；E310-16；E310-15 等	A307；A302；A402；A407	H1Cr24Ni13；H1Cr26Ni21	F309 FB-S309；F310 FB-S310	—	H1Cr24Ni13；S309；H1Cr26Ni21；S310
强度型低合金钢与耐热型低合金钢焊接	Q345R + 12CrMo；15CrMo；12Cr1MoV；12Cr2Mo；1Cr5Mo	E5015；E5016	J507；J506	H08MnA；H10Mn2	S49A0 AAS-SU26；S49A0 AAS-SU34	ER49-1；ER50-6；H08Mn2SiA	ER49-1；ER50-6；H08Mn2SiA
碳素钢与耐热型低合金钢焊接	Q235，20 + 12CrMo；15CrMo；12Cr1MoV；12Cr2Mo；1Cr5Mo	E4315；E4316	J427；J426	H08A；H08MnA	S43A2 AB-SU08A；S43A2 AB-SU26	ER49-1；ER50-6；H08Mn2SiA	ER49-1；ER50-6；H08Mn2SiA
碳素钢与强度型低合金钢焊接	20号钢；Q235；Q245R + Q345；Q345R	E4303；E4315；E4316；E5015；E5016	J422；J427；J426；J507；J506	H08A；H08MnA；H10Mn2	S43A2 AB-SU26；S49A2 AB-SU34	ER49-1；ER50-6；H08Mn2SiA	ER49-1；ER50-6；H08Mn2SiA
耐热型低合金钢之间焊接	12CrMo + 15CrMo；12Cr1MoV；12Cr2Mo；1Cr5Mo	E5515-B1	R207	H13CrMoA	S55 2 AB-SU1CM3	—	H13CrMoA
耐热型低合金钢之间焊接	15CrMo + 12Cr1MoV；12Cr2Mo；1Cr5Mo	E5515-B2	R307	H13CrMoA	S55 2 AB-SU1CM3	—	ER55-B2；H13CrMoA
耐热型低合金钢之间焊接	12Cr1MoV + 12Cr2Mo；1Cr5Mo	E5515-B2-V	R317	H08CrMoVA	S55 Y AB-SU1CMV	—	ER55-B2-MnV；H08CrMoVA
耐热型低合金钢之间焊接	12Cr2Mo + 1Cr5Mo	E6015-B3	R407	H05SiCr2MoA	S55 2 AB-SU2C1M	—	ER62-B3

2.4.7 钛及钛合金焊丝的选用

钛及钛合金焊丝的选用宜符合的要求见表 2-13。

表 2-13 钛及钛合金焊丝的选用宜符合的要求

母材种类	母材牌号	焊丝、填充丝牌号
工业纯钛	TA1	ER TALEL1
工业纯钛	TA2	ER TA2EL1
工业纯钛	TA3	ER TA3EL1
工业纯钛	TA4	ER TA4EL1
Ti+0.2Pb	TA9	ER TA9
Ti+0.3Mo+0.8Ni	TA10	ER TA10

2.4.8 锆及锆合金焊丝的选用

锆及锆合金焊丝的选用宜符合的要求见表 2-14。

表 2-14 锆及锆合金焊丝的选用宜符合的要求

母材种类	母材牌号举例	焊丝型号
工业纯锆	Zr-3（R60702）	ERZr-3（ERZr-2）
Zr-1.5Sn 合金	（R60704）	（ERZr-3）
Zr-2.5Nb 合金	Zr-5（R60705）	ERZr-5（ERZr-4）

注：括号内母材牌号为 ASME SB-523、ASME SB-658 标准，焊丝型号为 AWS A5.24 标准。

第 **3** 章

焊接作业的安全

3.1 个人防护

3.1.1 焊工作业过程主要风险

焊工作业过程主要风险见表 3-1。

表 3-1 焊工作业过程主要风险

风险	表现或者原因
触电	使用电气设施未遵守用电安全管理规定
	用电设施电器部分存在触电隐患、电缆线绝缘破损等情况
电焊肺沉着病	作业环境通风不良
	作业人员没戴防尘口罩
高处坠落	高处作业没系安全带
	高处作业防护装置不符合安全要求
火灾、爆炸	气瓶存放和使用不当
	动火作业没有办理作业许可
	气割时氧气、乙炔泄漏
	检修作业时易燃易爆物质没有清除干净
热（光）辐射	没有正确使用劳动防护用品
物体打击	高处坠物
	搬运物件时动作不协调
	使用机械设备时物体飞出伤人
	交叉作业所致的物体打击
中毒或窒息	没有办理受限空间作业许可
灼伤	没有正确穿戴劳动防护用品
	高温飞溅物伤人
	高温熔渣灼伤
	拿取烘烤的焊条时灼伤

3.1.2　眼睛与面部的防护

对于大面积观察（诸如展示、演示、培训、一些自动焊操作），可以使用一个大面积的滤光窗、滤光幕而不必使用单个的面罩、手提罩或护目镜。滤光窗或滤光幕材料必须能对观察者提供安全的保护效果，使其免受弧光、碎渣飞溅的伤害。

护目镜遮光号的选择见表 3-2。

表 3-2　护目镜遮光号的选择

焊接法	焊条尺寸 /mm	电弧电流 /A	最低遮光号	推荐遮光号[1]
爆炬软钎焊	—	—	—	2
等离子弧焊接	—	< 20	6	6 ~ 8
	—	20 ~ 100	8	10
	—	100 ~ 400	10	12
	—	400 ~ 800	11	14
等离子弧切割	[2]	< 300	8	9
	[2]	300 ~ 400	9	12
	[2]	400 ~ 800	10	14
焊炬硬钎焊	—	—	—	3 或 4
空气碳弧切割	—	< 500	10	12
	—	500 ~ 1000	11	14
气焊	板厚 < 3	—	—	4 或 5
	板厚 3 ~ 13		—	5 或 6
	板厚 > 13		—	6 或 8
气体保护电弧焊及药芯焊丝电弧焊	—	< 60	7	—
	—	60 ~ 160	10	11
	—	160 ~ 250	10	12
	—	250 ~ 500	10	14
手工电弧焊	< 2.5	< 60	7	—
	2.5 ~ 4	60 ~ 160	8	10
	4 ~ 6.4	160 ~ 250	10	12
	> 6.4	250 ~ 550	11	14
碳弧焊	—	—	—	14
钨极气体保护电弧焊	—	< 50	8	10
	—	50 ~ 100	8	12
	—	150 ~ 500	10	14

　① 若开始使用太暗的镜片难以看清焊接区，则可以使用可看清焊接区域的适宜镜片，但是遮光号不要低于下限值。在氧燃气焊接或切割时焊炬产生亮黄光的地方，应使用滤光镜以吸收操作视野范围内的黄光或紫外线。

　② 这些数值适用于实际电弧清晰可见的地方。当电弧被工件所遮蔽时，可以使用轻度的滤光镜。

3.1.3　佩戴个人防护用具的意义

焊接过程中可能产生的有害因素：有害气体、焊接烟尘、强烈弧光辐射、高频电磁场、放

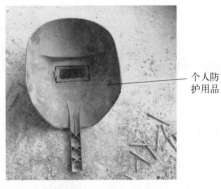
　　　　　　　　　　　　个人防护用品

图 3-1　个人防护用品

电焊防护面罩上有符合作业条件的滤光镜片，起到防止焊接弧光、保护眼睛等作用

射物质、噪声等。这些有害因素对人体的呼吸系统、皮肤、眼睛、血象、神经系统等有不良影响。

　　个人防护用品是指为保护工人（操作者与相关人员）在劳动过程中安全与健康所需要的、必不可少的个人防护用品，如图 3-1 所示。因焊接方法、材料、环境等差异，则应根据实际情况选择合适、恰当的防护用具。

　　气焊、气割的防护眼镜片，主要起到滤光、防止金属飞溅物烫伤眼睛等作用。气焊、气割的防护眼镜片，应根据焊接、切割工件板的厚度、火焰能率大小等来选择。

　一点通

　　因电弧立焊位置的特殊性，焊接时应注意飞溅烧伤，需要穿好工作服，戴好焊接皮手套，戴好工作帽。清渣时，要戴好护目平光眼镜。搬运、翻转焊件时，需要注意防止手脚压伤或烫伤。

3.1.4　个人防护用品的种类和要求

　　个人防护用品的种类如图 3-2 所示。防护服的要求如图 3-3 所示。焊接与切割的工作服，不能用一般合成纤维织物制作。全位置焊接工作的焊工，应配有皮制工作服。

　　焊工的工作服、手套、绝缘鞋，应保持干燥。更换焊条时，应戴好手套，避免身体与焊件接触。多名焊工一起工作，要使用挡光屏。安全带必须采用标准的型号。

　　电焊防护面罩，应能够遮住脸部和耳部。采用输气式头盔或送风头盔时，应常使口罩内保持适当正压。如果在寒冷季节，则应将空气适当加温后再供人使用。

个人防护用品
的种类
- 安全带
- 安全帽
- 防尘口罩、防毒面具
- 防护服
- 防护面罩、头盔
- 焊工手套、工作鞋、鞋盖
- 焊接防护镜片
- 护目镜
- 噪声防护用具

图 3-2　个人防护用品的种类

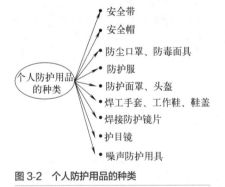
明火作业人员，包括气割焊接人员，必须穿长袖的阻燃布料的衣服，以及拉好拉链或扣好纽扣

焊工穿的防火服上必须无油腻、无油脂、无其他易燃物等

接触锋利边缘物体的人员，必须穿长袖防护服

焊工防护服

图 3-3　防护服的要求

　一点通

　　焊工防护手套，一般由牛（猪）绒面革或棉帆布和皮革合成材料制成。在可能导电的焊接场所工作时，所用手套应经耐电压 3000V 试验，合格后才能够使用。

焊工防护鞋，应具有绝缘、耐热、不易燃、耐磨损、防滑等性能。焊工防护鞋的橡胶鞋底，应经耐电压 5000V 试验，合格（不击穿）后才能够使用。如果在易燃易爆场合焊接时，则鞋底不应有鞋钉，以免产生摩擦火星。如果在有积水的地面焊接切割时，则焊工应穿经过 6000V 耐压，并且试验合格的防水橡胶鞋。

3.1.5　焊接的防护、预防与检查

焊接的防护、预防与检查如图 3-4 所示。对于有毒或有害的物质，或者施焊或切割可能产生有毒或有害的物质时，必须采取充分的预防措施，以保证作业人员不受影响与安全。

不能将焊接电缆背在背上，应用不能燃烧的材料捆扎在固定地方。登高工具，应采用安全可靠的类型。焊割设备，一般应留在地面上。

仰焊、切割时，为了防止火星、熔渣从高处溅落到头部与肩上，焊工应在颈部围毛巾，穿着用防燃材料制成的护肩、长套袖、围裙、鞋盖。

使用耳罩时，应先检查是否完好，使用时务必使耳罩软垫圈与周围皮肤贴合。佩戴各种耳塞时，要将耳塞轻轻推入外耳道内，使其与耳道贴合，不要使劲、太猛或塞得太紧。

进行切割作业必须戴护目镜，必要时要戴耳塞、戴手套

护目镜
耳塞
手套

施工人员清除多余金属、多余焊渣等时，必须配戴防护手套、护目镜或防护面罩，确保碎屑不会伤到自己与他人

焊工必须配备防火服、防火设备，例如防火的防护工作服、安全帽、绝缘鞋等

必须采取足够的预防措施，确保施工人员在作业或通过焊接操作区时不会受到火星或辐射等伤害

所有焊机、软管、导线、地线、夹子、仪表、气割炬、气瓶等在使用前都要经过检查

图 3-4　焊接的防护、预防与检查

一点通

推拉闸刀时，应戴好干燥的皮手套，面部不要对着闸刀。穿着工作服时，要把衣领整理好，袖子扣扣好，上衣不应系在工作裤里边。工作服不应有孔洞、破损、缝隙。工作服不允许粘有油脂，不允许穿着潮湿的工作服。电焊手套、焊工防护鞋，不应潮湿与破损。

3.1.6　有火灾风险场所施焊的要求

除非采取了充足的预防措施，否则不得在可燃材料贮存地附近，或者可能存有或产生易爆

易燃的粉尘、气体的材料或设备附近进行焊接或切割作业，如图3-5所示。

对于不能从焊接作业场所附近移走的可燃材料和结构，必须遮盖或采用其他正确及必要的方法进行保护，如图3-6所示。高空作业时，更要注意防止金属火花飞溅而引起的火灾。

易燃物附近
不允许焊接

焊接前要用防火
布覆盖相邻的设
备与可燃物

图3-5 一般不得在有火灾风险场所进行焊接或切割作业　图3-6 遮盖保护

 一点通

完成焊接、气割后半小时，需要检查一下所在区域，以确保该区域或者相关区域的安全。

3.1.7 封闭空间内施焊的要求

如果在封闭空间内实施焊接作业，则必须事先进行气体等检测，并且根据具体情况，通过排风扇、鼓风机不断地进行充分通风等对应有效措施，如图3-7所示。这里的封闭空间是指一种相对狭窄或受限制的空间，意味着由于尺寸、结构、形状等导致恶劣的通风条件。

如果在封闭空间内实施焊接作业，则必须事先进行气体等检测，并且根据具体情况，通过排风扇、鼓风机不断地进行充分通风等对应有效措施

图3-7 封闭空间内施焊的要求

禁止未进行良好的通风之前进入封闭空间内施焊。

封闭空间内适宜的通风，不仅需要确保焊工或切割工自身的安全，而且要确保区域内所有人员的安全。通风所使用的空气，其数量和质量必须达标。

封闭空间内实施焊接、切割时，气瓶、焊接电源必须放置在封闭空间的外面。

用于焊接、切割，或者相关工艺局部抽气通风的管道，必须由不可燃材料制成。

进入容器内工作时，焊、割炬应随焊工同时进出，严禁将焊割炬放在容器内而焊工离开，以防混合气体燃烧和爆炸。

用餐时间、其他作业间断期间，不得将喷灯随意放置在无人照管的容器内，或者其他限制的场所。

 一点通

施工人员必须采取所有必要的预防措施，防止未完全燃烧的可燃气体或者氧气泄漏到容器

中或其他封闭空间。有可能发生危险的场所，应派专人在外进行监控。作业人员从人孔或其他开口处进入封闭空间时，必须具备向外部人员提供救援信号的措施。

3.1.8　储存易爆或易燃物质容器的施焊

严禁对存放有易爆或易燃物质的容器进行焊接或切割作业。严禁在有压力的容器和管道上进行焊接。

焊补储存过易燃物品的容器时，焊前必须将容器内的介质放干净，并且用碱水清洗内壁，再用压缩空气吹干（如果清洗不易进行，应将容器装满水），同时将所有孔盖打开，确保安全可靠后才能焊接。

如果对存有过易爆或易燃物质，或者可产生易燃气体的物质的容器进行焊接或切割作业，必须采取相关措施，除非该容器已经进行了以下处理。

① 用蒸汽或其他方法完全清洁。

② 通过气体检验证明完全没有可燃气体或蒸气。

③ 除非容器中的空气已经彻底换成惰性气体或水。

④ 如果使用惰性气体，将其完全充入容器后，在焊接或切割的整个作业过程中，惰性气体还应继续缓慢地流入容器内。

⑤ 采取其他必要的有效措施，充分论证后，才能在安全的情况进行。

 一点通

焊工作业时要做到"六防"——防触电、防火、防爆、防毒、防辐射、防高空坠落。每天下班前都应检查工作场地，消除可能引起火灾的隐患。

3.1.9　其他场地施焊的要求

① 在潮湿的场地工作时，应用干燥的木板或橡胶片等绝缘物作垫板。配合人员应穿绝缘鞋或站在绝缘板上，并且应定期检查绝缘鞋的绝缘情况。

② 在光线阴暗的场地、容器内工作时，使用的照明灯的电压不大于 36V。

③ 雨天应停止焊接。如果焊接，电焊工必须穿绝缘雨靴，戴绝缘手套，必要时设置可靠的防雨篷。

④ 雷雨时，应停止露天焊接作业。风力大于 6 级时，应停止高处焊接作业。

⑤ 在高处进行焊接作业时，作业人员应放稳焊条桶、砂轮切割机等工具。使用标准的阻燃安全带。焊接小锤等小工具必须放在工具袋内。下面设置警戒标识，并且在作业点周围与下方地面上火星所及的范围内，彻底清除可燃、易爆物品，以防火灾、物体打击等安全事故的发生。

⑥ 在雨、雪天气施焊时，需要采取防护措施。

⑦ 焊接时的风速需要符合的规定：对于钨极惰性气体保护焊、熔化极气体保护焊，焊接时的风速不应大于 2m/s；对于焊条电弧焊、药芯焊丝电弧焊、气焊，焊接时的风速不应大于 8m/s。

⑧ 焊接电弧 1m 范围内的相对湿度需要符合的规定：铝、铝合金、铜、铜合金的焊接不得大于 80%；其他材料的焊接不得大于 90%。

施焊电缆绝缘必须良好，并且不能出现把电缆随意压在钢筋下、靠近电弧等情况，以防压损或高温破坏绝缘层。若电缆磨损破皮，应立即修好或更换。

3.2 安全用电与触电急救

3.2.1 焊接作业用电的特点

焊接作业用电的特点如图 3-8 所示。

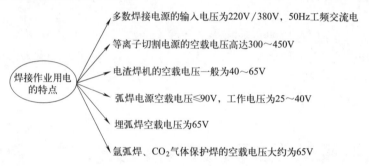

焊接作业用电的特点
- 多数焊接电源的输入电压为220V／380V，50Hz工频交流电
- 等离子切割电源的空载电压高达300～450V
- 电渣焊机的空载电压一般为40～65V
- 弧焊电源空载电压≤90V，工作电压为25～40V
- 埋弧焊空载电压为65V
- 氩弧焊、CO_2气体保护焊的空载电压大约为65V

图 3-8　焊接作业用电的特点

3.2.2 焊接造成触电的原因与预防

焊接操作时造成的触电有直接触电和间接触电。造成触电的一些原因：接触焊条、焊钳、焊枪等带电部位；脚、身体其他部位与地面焊件间无绝缘防护。

在金属容器、金属管道、金属锅炉、金属船舶、金属结构内部施工，容易发生触电事故。人体大量出汗，或者在阴雨天和潮湿地方进行焊接作业时，也容易发生触电事故。

预防焊接触电的一些措施如图 3-9 所示。

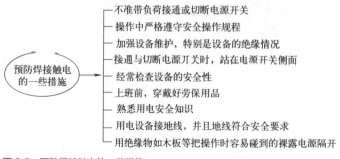

预防焊接触电的一些措施
- 不准带负荷接通或切断电源开关
- 操作中严格遵守安全操作规程
- 加强设备维护，特别是设备的绝缘情况
- 接通与切断电源开关时，站在电源开关侧面
- 经常检查设备的安全性
- 上班前，穿戴好劳保用品
- 熟悉用电安全知识
- 用电设备接地线，并且地线符合安全要求
- 用绝缘物如木板等把操作时容易碰到的裸露电源隔开

图 3-9　预防焊接触电的一些措施

3.2.3 触电与急救

当电流通过人体超过 30mA 时，就会有生命危险。100mA 电流通过人体 1s 就足以使人致命。阴雨天气或潮湿环境作业时，首先要防止触电。

一旦发生触电事故，应立即抢救，如图 3-10 所示。

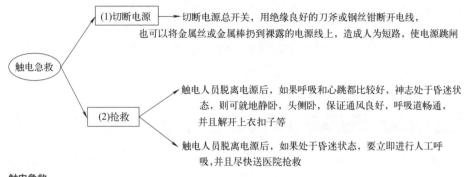

图 3-10　触电急救

当有人触电时，不要赤手去拉触电者，应迅速切断电源。

3.2.4　人工呼吸的要点

如果触电人员心跳正常，呼吸微弱或停止，应立即进行人工呼吸。人工呼吸的方法如图 3-11 所示。

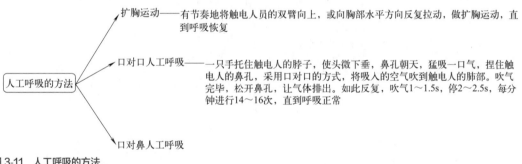

图 3-11　人工呼吸的方法

口对口人工呼吸的一些注意事项。

① 吹气和放松时，要观察触电者的胸部是否有起伏的呼吸动作。吹气时阻力较大，则可能是头部后仰程度不够，或者口内有异物，应及时纠正，以保证呼吸道畅通。

② 吹气时，要捏紧鼻孔、口要闭合，以防漏气。

③ 吹气不能太猛、吹气量不能过大，以免引起胃膨胀。

3.2.5　心脏按压

触电人员脱离电源后，如果呼吸正常，但是心跳微弱或已停止，应立即进行心脏按压，并且联系医生等。

心脏按压的要点如下：使触电人员平躺在地上，救治人跪在触电人员的一侧，左手平握拳放在触电人员心脏的正上方，右手压在左手上，两只手用力，有节奏地向下压，使胸骨下陷 3～4cm，这样间接压迫心脏达到排血的目的，再松开，胸骨复位，使大静脉中的血液回流到心脏。如此反复，每分钟 60～80 次，直到心跳恢复正常。

触电者脱离电源后，如果呼吸与心跳全部停止，则需同时进行人工呼吸和心脏按压：①双人同时抢救，各自依据人工呼吸和心脏按压的要点，实施抢救；②单人抢救，先人工呼吸 2 次，再心脏按压 10～15 次。如此反复，交替进行，不中断。

3.3 防火、防爆

3.3.1 焊接现场发生爆炸的可能性

爆炸是指物质在瞬间以机械功的形式，释放出大量的气体和能量的一种现象。爆炸的一些情况如图 3-12 所示。

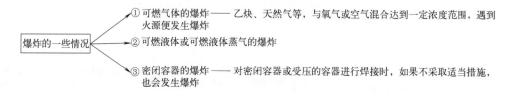

图 3-12 爆炸的一些情况

3.3.2 防火、防爆的措施

防火、防爆的一些措施如下。

① 焊接场地禁止放易燃、易爆物品，场地内需要备有消防器材，并且保证足够的照明、良好的通风。

② 焊工不得在木板、木砖地面上进行焊接操作。

③ 焊接场地 10m 内不得有贮存油类或其他易燃、易爆物质的贮存器皿或管线、氧气瓶。

④ 在易燃、易爆物的车间、场所或煤气管道、乙炔管道附近焊接时，必须征得消防部门的同意，并且操作时采取严密措施，以防火星飞溅引起火灾。

⑤ 对受压容器、密闭容器、各种管道、各种油桶、沾有可燃物质的焊件进行焊接时，需要事先进行检查，并且经过冲洗除掉有毒、易燃、有害、易爆物质，确认容器及压力管道是安全的，才能进行焊接。

⑥ 焊接密闭空心焊件时，需要留出出气孔。焊接管子两端不得堵塞。

⑦ 气焊气割时，需要使用合格的橡胶软管、合格的压力表、合格的回火防止器，并且需要定期检查。

⑧ 焊工不得在焊把或接地线裸露情况下进行焊接，也不准将二次回路线乱接乱搭。

⑨ 离开施焊现场时，需要关闭气源、关闭电源、熄灭火种。

3.4　责任、规程评定与许可证

3.4.1　焊接责任人员与评定

焊接责任人员应是通过培训、教育，或者通过实践获得一定焊接专业知识，并且其能力得到认可，以及被指定对焊接、对相关制造活动负有主要责任的人员。

焊接规程与评定如图 3-13 所示。焊接工艺评定是为验证所拟订的焊件焊接工艺的正确性而进行的试验过程及结果评价。

焊接工艺评定的目的如下。

① 评定施焊单位是否有能力焊出符合相关国家或行业标准、技术规范要求的焊接接头。

② 为制定正式的焊接工艺指导书或焊接工艺卡提供可靠的技术依据。

③ 验证施焊单位拟订的焊接工艺指导书是否正确。

焊接工艺评定的一般过程如下。

① 拟订焊接工艺指导书。

② 施焊试件和制取试样。

③ 检验试件和试样。

④ 测定焊接接头是否具有所要求的使用性能。

⑤ 提出焊接工艺评定报告，对拟订的焊接工艺指导书进行评定。

评定资料管理如下。

① 评定的所有原始资料应全部收集，进行系统整理、建档，作为技术资料保存。

② 企业应明确各项评定的适用范围。

③ 评定资料应用部门根据已批准的评定报告，结合施焊工程或焊工培训需要，按工程或培训项目，分项编制《焊接工艺（作业）指导书》，也可以根据多份评定报告编制一份《焊接工艺（作业）指导书》。

④《焊接工艺（作业）指导书》的编制，必须由应用部门焊接专业工程师主持进行。

⑤《焊接工艺（作业）指导书》应在工程施焊或焊工培训考核之前发给焊工，并进行详细的技术交底。

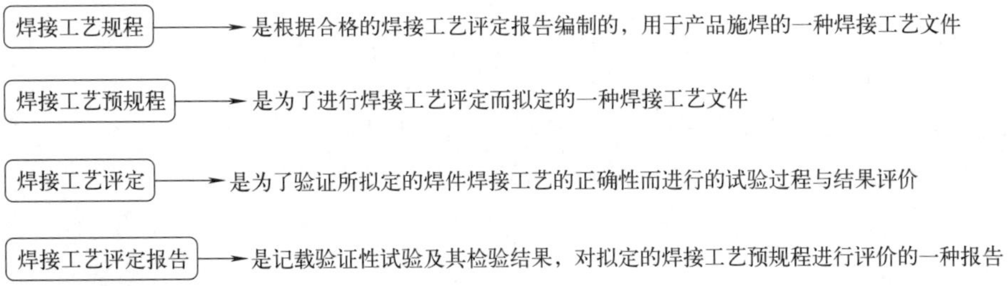

焊接工艺规程	→	是根据合格的焊接工艺评定报告编制的，用于产品施焊的一种焊接工艺文件
焊接工艺预规程	→	是为了进行焊接工艺评定而拟定的一种焊接工艺文件
焊接工艺评定	→	是为了验证所拟定的焊件焊接工艺的正确性而进行的试验过程与结果评价
焊接工艺评定报告	→	是记载验证性试验及其检验结果，对拟定的焊接工艺预规程进行评价的一种报告

图 3-13　焊接规程与评定

一点通

焊工是指从事焊接操作的人员。焊工分为手工焊焊工、机动焊焊工、自动焊焊工。机动焊焊工和自动焊焊工合称焊机操作工。

3.4.2　焊接质量的检测

焊接质量的检测包括焊前检验、焊接中检验、焊后检验等。焊前检验，从人、机、料、法、环、检等方面进行核查。

焊接中检验包括检验焊接工艺、焊接缺陷、焊接设备等。焊接中检验方法是指以巡视或自检的方式，对执行焊接工艺卡的情况进行检查；对焊接设备进行实时监控；对层间焊缝的外观进行检查，采取措施消除夹杂、裂纹等缺陷等。

焊后检验主要包括外观检验、致密性试验、强度试验、无损检测等。

焊后外观检验，可以用焊接检验尺测量焊缝余高、焊瘤、凹陷、错口等；可以利用低倍放大镜或肉眼观察焊缝表面是否有咬边、夹渣、气孔、裂纹等表面缺陷；可以检验焊件是否变形。

焊后常用焊缝无损检测方法进行检验，包括射线探伤方法（RT）、超声波探伤（UT）、渗透探伤（PT）、磁性探伤（MT）、超声波衍射时差法（TOFD）、铁素体含量检验、光谱分析、大型工件金相分析、手提硬度试验、声发射试验等。

一点通

焊后检验致密性试验，包括液体盛装试漏、气密性试验、氨气试验、煤油试漏、氦气试验、真空箱试验等。焊后强度试验的要求：只要是焊接都要做强度试验。其中，液压强度试验常用水进行，试验压力为设计压力的 1.25～1.5 倍。气压强度试验用气体为介质进行时，试验压力为设计压力的 1.15～1.2 倍。

3.4.3　动火作业许可证

执行动火作业许可证制度的目的在于：确保采取安全防范措施，杜绝火灾、爆炸等事故；监控现场所有动火作业。动火作业许可证如图 3-14 所示。

在禁火区内进行焊接施工前必须先办理动火作业评可证，并且做好灭火准备工作。在易燃、易爆气体或液体扩散区施焊时，需要办理动火作业许可证，并且采取必要的安全防护措施后，才能进行作业。

动火作业，必须提前取得动火作业许可证。动火作业许可证上应注明动火作业详情，并且由相关安全部门批准后方可进行。

动火作业需要配备必需的防护，例如配备有效的灭火器。

进行动火作业时，需要用盛火器盛接火星或焊渣。

进行必要的动火作业时，需要配备火警护卫在岗、随时保持警惕，发现火情及时处理或报告。

动火作业许可证

许可证编号：　　　　　　　　　　　　　　　　　　　　　本票证仅限　　　　项目

作业单位	
生产单位	
作业区域	
作业地点	

动火作业人：	动火监护人：	动火作业审核人：

作业内容描述：

是否附安全工作方案	□是　　□否	其他附件(危害识别等)：
是否附图纸	□是　　□否	图纸说明：

有效期：从＿＿＿年＿＿＿月＿＿＿日＿＿＿时到＿＿＿年＿＿＿月＿＿＿日＿＿＿时

动火作业类型：
焊接 □　气割 □　切削 □　燃烧 □　明火 □　研磨 □　打磨 □　钻孔 □　破碎 □　锤击 □
其他＿＿＿＿＿＿
使用非防爆的电气设备　□使用内燃发动机设备 □其他特种作业
其他＿＿＿＿＿＿

可能产生的危害：
□爆炸 □火灾 □灼伤 □烫伤 □机械伤害 □中毒 □辐射 □触电 □泄漏
□窒息 □坠落 □落物 □掩埋 □噪声 □其他：

安全措施(符合"√"不符号"×")

□设备已排空、置换、吹扫	□动火区域可燃物已清除	□消防设备准备妥当
□设备已有效隔离	□动火区域通风已合格	□消防监护到位
□设备已上锁挂签	□需要其他特种作业许可证	□设备机具、检测仪器符合要求
□动火区域已设置围栏和标识	□动火监护人已到位	□人员培训合格
□气体检测合格	□个人防护装备齐全	□其他应急设施和人员已到位
□特种作业人员持证	□窨井、沟渠、地漏等已封堵	□其他

气体检测

检测时间		
检测位置		
氧气测试浓度(　)%		
可燃气体浓度 LEL(　)%		
有毒气体浓度(　)%		

本人确认工作开始前气体检测已合格。　　　　　　　　　　　　　　本票证仅限　　　　项目
检测人：　　　　　　　　　　　　　　　　确认人：

注明作业过程中气体测试要求(位置、频次等)：

申请	我保证我及我的下属，阅读理解并遵照执行动火安全方案和此许可证，并在动火过程中负责落实各项安全措施，在动火工作结束时通知生产单位现场负责人。 作业申请人：　　　　　　　　　　　　　年　月　日　　时
作业监护	本人已阅读许可并且确信所有条件都满足，同时承诺坚守现场。 作业监护人：　　　　　　　　　　　　　年　月　日　　时
批准	我已经审核过本许可证的相关文件，并确认符合公司动火安全管理规定的要求，同时我与相关人员一同检查过现场并同意动火方案，因此，我同意动火。 作业批准人：　　　　　　　　　　　　　年　月　日　　时
相关方	本人确认收到许可证，了解工作对本单位的影响，将安排人员对此项工作给予关注，并和相关各方保持联系。 单位：　　　　　　　　确认人： 单位：　　　　　　　　确认人：

延期	本许可证延期从：　年　月　日　时　至　年　月　日　时 申请人：　　　　　　相关方：　　　　　　　批准人： 　年　月　日　时　　　年　月　日　时　　　　年　月　日　时

关闭	动火作业结束后，监护人留守现场，确认无任何火源和隐患后关闭作业。 动火结束时间：	申请人： 　　年　月　日　时	相关方： 　　年　月　日　时	批准人： 　　年　月　日　时

取消	因以下原因，此许可证取消：	申请人：　　　　　年　　月　　日　　时 相关方：　　　　　年　　月　　日　　时 批准人：　　　　　年　　月　　日　　时

图 3-14　动火作业许可证

动火前应清除作业场地周围易燃易爆物品，或进行覆盖、隔离。

3.4.4　焊接操作人员持证上岗

焊接操作属于特种作业，必须经过专业培训考核，持证上岗，并且焊工焊接时只能从事相应资格范围内的焊接作业。

焊工证基本知识考试范围如下。

① 特种设备的分类、特点、焊接要求。

② 金属材料的分类、牌号、化学成分、使用性能、焊接特点、焊后热处理。

③ 焊接材料（包括焊条、焊丝、焊剂、气体等）类型、型号、牌号、性能、使用、保管。

④ 焊接设备、工具、测量仪表的种类、名称、使用、维护。

⑤ 常用焊接方法的特点、焊接工艺参数、焊接顺序、操作方法、焊接质量的影响因素。

⑥ 焊缝形式、接头形式、坡口形式、焊缝符号与图样识别。

⑦ 焊接缺陷的产生原因、危害、预防方法、返修。

⑧ 焊缝外观检验方法和要求，无损检测方法的特点、适用范围。

⑨ 焊接应力和变形的产生原因及防止方法。

⑩ 焊接质量管理体系、规章制度、工艺纪律基本要求。

⑪ 焊接作业指导书、焊接工艺评定。

⑫ 焊接安全和规定。

⑬ 承压类特种设备法律、法规、标准。

⑭ 法规、安全技术规范有关焊接作业人员考核、管理规定。

焊工证焊接操作技能的要素如下。

① 焊接方法。

② 焊接方法的机动化程度。

③ 金属材料类别。

④ 填充金属类别。

⑤ 试件位置。

⑥ 衬垫。

⑦ 焊缝金属厚度。

⑧ 管材外径。

⑨ 焊接工艺因素。

 一点通

患有高血压、心脏病、恐高症等病症及醉酒者不能登高作业。焊工在炎热天气施工，需要注意防暑和休息。焊接操作人员持证上岗要诀：电焊工，要持证，操作时，守规程。

第 2 篇

提高篇

第 **4** 章

焊条电弧焊

4.1 焊条电弧焊的基础

4.1.1 电弧焊的种类

电弧焊是指以电弧作为热源，利用空气放电的物理现象，将电能转换为焊接所需的热能与机械能，从而达到连接金属的目的。电弧温度可达 6000 ~ 8000℃。焊条电弧焊是电弧焊的一种。电弧焊的种类如图 4-1 所示。

$$电弧焊\atop 的种类 \begin{cases} 手工电弧焊 \\ 气体保护焊 \\ 埋弧焊 \\ 等离子弧焊 \end{cases}$$

图 4-1　电弧焊的种类

4.1.2 熔化焊焊接接头的组织

熔化焊是指将焊件接头加热到熔化状态，不加压力完成焊接的一种方法。电弧焊属于熔化焊的一种。

熔化焊焊接接头的组织，如图 4-2 所示。

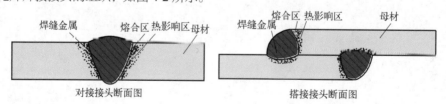

焊缝金属　熔合区 热影响区 母材　　　　　熔合区 热影响区　　母材

焊缝金属

对接接头断面图　　　　　　　　　　　搭接接头断面图

图 4-2　熔化焊焊接接头的组织

4.1.3 焊条电弧焊的特点

焊条电弧焊是指利用焊条与工件间建立起来的稳定燃烧的电弧，使焊条与工件熔化，从而获得牢固焊接接头的一种工艺方法。

焊条电弧焊如图 4-3 所示。

手工焊条电弧焊，主要是指手持焊钳，通过焊钳夹持焊条和传导焊接电流进行焊接的电弧焊，如图 4-4 所示。

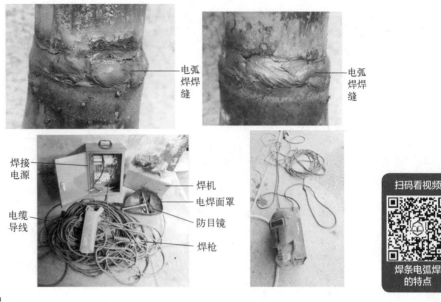

图 4-3　焊条电弧焊

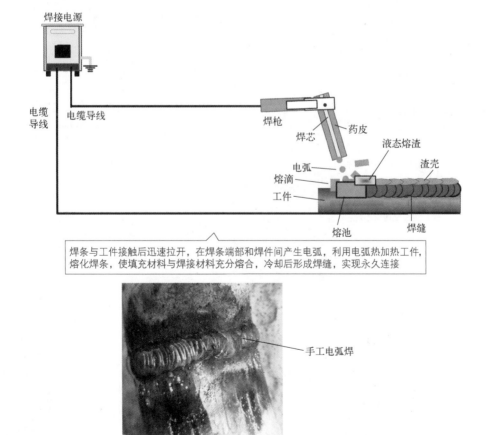

焊条与工件接触后迅速拉开，在焊条端部和焊件间产生电弧，利用电弧热加热工件，熔化焊条，使填充材料与焊接材料充分熔合，冷却后形成焊缝，实现永久连接

图 4-4　手工焊条电弧焊

一点通

手工焊条电弧焊的电焊机，一次电源线长度应不大于5m，二次电源线长度应不大于30m。电线、电焊软线、地线不应与氧气、乙炔胶管混合交叉在一起。

4.1.4 焊条电弧的焊接过程

焊条电弧的焊接过程图示如图4-5所示。焊接电弧的结构，包括阴极区、阳极区、弧柱区，如图4-6所示。

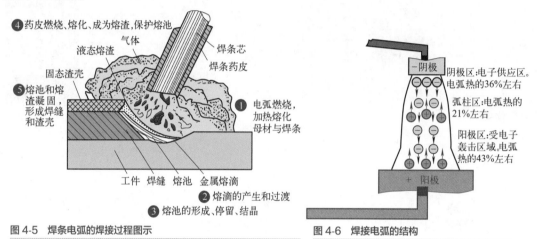

图4-5 焊条电弧的焊接过程图示

图4-6 焊接电弧的结构

4.1.5 焊条电焊机与其使用安全

焊条电焊机如图4-7所示。焊条电焊机可以分为交流电焊机和直流电焊机。

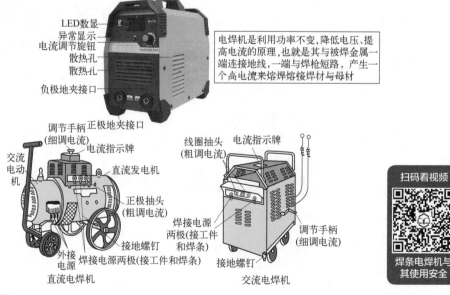

电焊机是利用功率不变，降低电压、提高电流的原理，也就是其与被焊金属一端连接地线，一端与焊枪短路，产生一个高电流来熔焊熔接焊材与母材

扫码看视频

焊条电焊机与其使用安全

图4-7 焊条电焊机

电焊机使用安全要点如下。

① 电焊机的一次、二次接线端需要有防护罩，并且一次接线端需用绝缘带包裹严密；二次接线端必须使用线卡子压接牢固。

② 电焊机的一次线与电源接点，不宜用插销连接，其长度不得大于 5m，并且采用双层绝缘。

③ 电焊机二次侧焊把线、地线需要接长使用时，需要保证搭接面积，并且接点要用绝缘胶带包裹好，接点不宜超过两处。

④ 电焊机需要放置在干燥、通风的地方。

⑤ 多台电焊机的接地、接零线不得串接接入接地体，并且每台电焊机都应设独立的接地、接零线，其接点需要用螺栓压紧。

⑥ 电焊机二次侧焊把线、地线，需要有良好的绝缘特性，并且导电能力要与焊接电流相匹配。

⑦ 操作时，电焊机电缆不宜成盘状。

⑧ 焊接的金属设备、容器本身有接地、接零保护时，电焊机的二次绕组禁止设有接地或接零。

⑨ 交流电焊机、直流电焊机，应空载合闸启动。

⑩ 露天使用时，电焊机下方应防潮且高于周围地面；上方应设防雨蓬与防砸等措施。

⑪ 每台电焊机都需要设专用断路开关，以及与电焊机相匹配的过流保护装置。

⑫ 所有交流电焊机、直流电焊机的金属外壳，均需要采取保护接地或接零，并且接地、接零电阻值小于 4Ω。

4.1.6　焊条电弧焊的电源种类与极性

焊条电弧焊的电源种类：交流电源、直流电源。电源极性：正极性、反极性。焊条电弧焊的电源如图 4-8 所示。

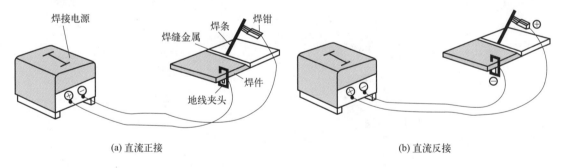

(a) 直流正接　　　　　　　　　　　　　　　　(b) 直流反接

图 4-8　焊条电弧焊的电源

4.1.7　电焊钳

电焊钳的作用，就是夹持焊条、传导电流。电焊钳一般由上钳、下钳、弯臂、弹簧、直柄、胶布手柄、固定销等组成，如图 4-9 所示。

焊工应经常检查电焊钳的导电性能、隔热性能、夹持焊条牢固性、装换焊条的方便性等。电焊钳的规格有 300A、500A 等种类。

电焊钳

图4-9 电焊钳

 一点通

焊接前，应检查钳口是否完好，以免影响焊条的夹持。应检查电焊钳与焊接电缆接头的位置是否牢固，以免焊接时影响电流的传导以及打火花。应检查电焊钳与焊接电缆接头是否接触不良，以免接头位置产生较大的接触电阻，造成电焊钳发热、变烫，从而影响正常操作。

4.1.8 焊工其他常用工具

焊工其他常用工具，包括角向磨光机、面罩、焊条保温筒、锤子、手锤、大锤、钢丝刷、扁铲、錾子等，如图4-10所示。焊接前，需要对所使用的工具、夹具进行安全检查。

角向磨光机

角向磨光机，也就是平常所说的手砂轮，其是用于修磨坡口、清除缺陷等常用的工具
使用角向磨光机，应检查砂轮转动是否正常，有没有漏电的现象；砂轮片是否已经紧固牢固，是否有裂纹，是否破损，要杜绝使用过程中砂轮碎片飞出伤人等异常情况

焊条保温筒

焊条保温筒：使用低氢型焊条焊接重要结构时，焊条必须先进行烘箱烘焙，具体烘干温度与保温时间因材料、季节不同而不同。焊条从烘箱内取出后，需要存储在焊条保温筒内，在施工现场可以逐根取出

焊条电弧焊面罩上往往装有用以遮蔽焊接有害光线的护目玻璃。护目玻璃可以有各种色泽。目前以墨绿色为最多。为了改善保护效果，受光面可镀铬。另外，为了使护目玻璃不被金属飞溅损坏，可以在其外面再罩上两块无色透明的防护白玻璃

面罩和护目镜片的检查：主要检查面罩与护目镜片是否遮挡严密，有无漏光等现象

图4-10 焊工其他常用工具

 一点通

扁铲、錾子的检查：检查其边缘有无飞刺、有无裂痕，如果存在异常，则需要清除，以防止使用中碎块飞出伤人。锤子的检查：检查锤头是否松动，以避免在打击中锤头甩出伤人。

4.2　焊接基本操作

4.2.1　焊条电弧焊基本操作

焊条电弧焊基本操作包括引弧等，如图 4-11 所示。

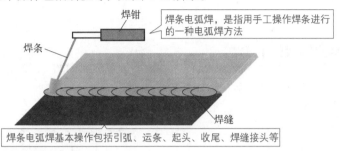

焊钳

焊条

焊条电弧焊，是指用手工操作焊条进行的一种电弧焊方法

焊缝

焊条电弧焊基本操作包括引弧、运条、起头、收尾、焊缝接头等

图 4-11　焊条电弧焊基本操作图示

4.2.2　电弧焊的接头

电弧焊的接头包括焊缝、熔合区、热影响区、焊缝附近的母材等部分。熔化焊焊接接头的组成如图 4-12 所示。

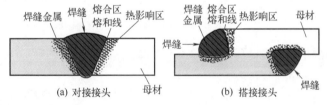

焊缝金属　焊缝　熔合区　热影响区　　　焊缝　熔合区　热影响区　母材
　　　　　　　　熔和线　　　　　　　金属　熔和线

焊缝

(a) 对接接头　母材　　　　　(b) 搭接接头　　焊缝

图 4-12　熔化焊（电弧焊）焊接接头的组成

4.2.3　焊条电弧焊焊接的电弧热效率

焊条电弧焊焊接的电弧热效率如图 4-13 所示。

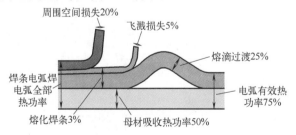

周围空间损失20%

飞溅损失5%

熔滴过渡25%

焊条电弧焊
电弧全部
热功率

电弧有效热
功率75%

熔化焊条3%　母材吸收热功率50%

图 4-13　焊条电弧焊焊接的电弧热效率

4.2.4　焊接电流

焊接电流根据焊条直径、焊缝位置、焊条类型、焊接经验等原则进行选择。

焊接电流与焊条直径有关的估算如图 4-14 所示。

$$I = (30 \sim 60)d$$

焊接电流   焊条直径

图 4-14 焊接电流与焊条直径有关的估算

4.2.5 焊条电弧焊引弧的方法

焊条电弧焊引弧的方法分为直击法、划擦法等，如图 4-15 所示。

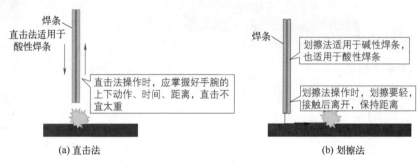

焊条
直击法适用于酸性焊条

直击法操作时，应掌握好手腕的上下动作、时间、距离，直击不宜太重

焊条
划擦法适用于碱性焊条，也适用于酸性焊条

划擦法操作时，划擦要轻，接触后离开，保持距离

(a) 直击法   (b) 划擦法

图 4-15 焊条电弧焊引弧的方法

一点通

焊条电弧焊引弧时，手腕动作要灵活准确，选择好引弧的起始点位置。如果发生粘条现象，应左右摇晃几下。如果焊条不能拖开，应将焊钳放松，断开焊接回路，等焊条稍冷后再把焊条拆下。

4.2.6 焊条电弧焊的运条

焊条电弧焊运条的三个方向的要求如图 4-16 所示。

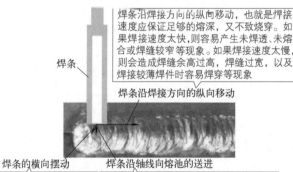

焊条沿焊接方向的纵向移动，也就是焊接速度应保证足够的熔深，又不致烧穿。如果焊接速度太快,则容易产生未焊透、未熔合或焊缝较窄等现象。如果焊接速度太慢,则会造成焊缝余高过高,焊缝过宽,以及焊接较薄焊件时容易焊穿等现象

焊条

焊条沿焊接方向的纵向移动

焊条的横向摆动   焊条沿轴线向熔池的送进

焊条的横向摆动，应保证焊缝两侧熔合良好，摆动的宽度应控制在焊条直径的 2～5 倍，并且力求摆动均匀一致，焊缝宽度整齐

焊条沿轴线向熔池的送进，应使焊条熔化后继续保持电弧长度不变，防止因电弧长度增加导致断弧，或者因电弧长度缩短导致发生短路

扫码看视频

焊条电弧焊的运条——正三角形运条

扫码看视频

焊条电弧焊的运条——斜三角形运条

图 4-16 焊条电弧焊运条的三个方向的要求

焊条电弧焊运条方法如图 4-17 所示。

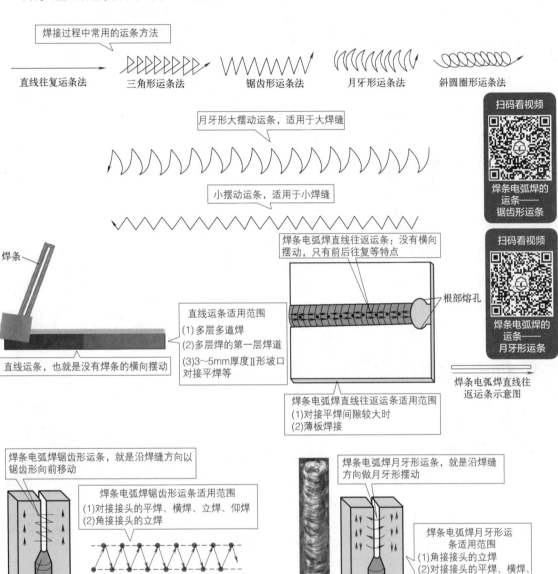

焊接过程中常用的运条方法

直线往复运条法　三角形运条法　锯齿形运条法　月牙形运条法　斜圆圈形运条法

月牙形大摆动运条，适用于大焊缝

小摆动运条，适用于小焊缝

焊条

直线运条，也就是没有焊条的横向摆动

直线运条适用范围
(1) 多层多道焊
(2) 多层焊的第一层焊道
(3) 3～5mm 厚度 Ⅱ 形坡口对接平焊等

焊条电弧焊直线往返运条：没有横向摆动，只有前后往复等特点

根部熔孔

焊条电弧焊直线往返运条适用范围
(1) 对接平焊间隙较大时
(2) 薄板焊接

焊条电弧焊直线往返运条示意图

焊条电弧焊锯齿形运条，就是沿焊缝方向以锯齿形向前移动

焊条电弧焊锯齿形运条适用范围
(1) 对接接头的平焊、横焊、立焊、仰焊
(2) 角接接头的立焊

焊条电弧焊锯齿形运条示意图

焊缝

焊条电弧焊月牙形运条，就是沿焊缝方向做月牙形摆动

焊条电弧焊月牙形运条适用范围
(1) 角接接头的立焊
(2) 对接接头的平焊、横焊、立焊、仰焊

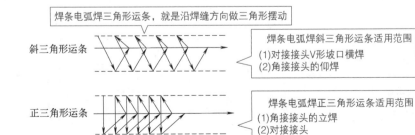

焊条电弧焊三角形运条，就是沿焊缝方向做三角形摆动

斜三角形运条

焊条电弧焊斜三角形运条适用范围
(1) 对接接头 V 形坡口横焊
(2) 角接接头的仰焊

正三角形运条

焊条电弧焊正三角形运条适用范围
(1) 角接接头的立焊
(2) 对接接头

扫码看视频

焊条电弧焊的运条——锯齿形运条

扫码看视频

焊条电弧焊的运条——月牙形运条

扫码看视频

焊条电弧焊的运条——斜圆圈形运条

图 4-17

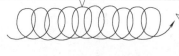

焊条电弧焊圆圈形运条，就是沿焊缝方向做圆圈形摆动

焊条电弧焊正
圆圈形运条

焊条电弧焊正圆圈形运条适用范围
对接接头厚板平焊

焊条电弧焊斜
圆圈形运条

焊条电弧焊斜圆圈形运条适用范围
(1)对接接头的横焊
(2)角接接头的平焊、仰焊

焊条电弧焊八字形运条，就是沿焊缝方向做八字形摆动

八字形运条

焊条电弧焊八字形运条适用范围
对接接头厚板的平焊

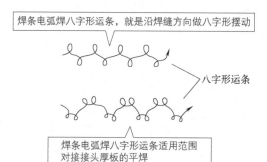

图 4-17　焊条电弧焊运条方法

 一点通

　　进行焊条电弧焊锯齿形运条时，在焊缝两侧适当停顿，以保证两侧良好熔合，避免咬边。

4.2.7　焊缝的起头

扫码看视频

焊缝的起头

　　焊缝的起头是指焊缝如何开始焊接。焊缝起始端前 10 ～ 20mm 位置引燃电弧，稍微拉长电弧向后移动，预热焊件，到起始端端部压低电弧，等焊件形成熔池后，向前运条。
　　焊缝的起头操作图示如图 4-18 所示。

焊缝起头饱满，两侧熔合要良好，焊缝起头的宽窄和高低要均匀一致

10～20mm
处引燃电弧

引弧点

4.2.8　焊缝的收尾

图 4-18　焊缝的起头操作图示

　　焊缝的收尾是指一条焊缝焊完如何收弧。焊缝收尾常见的方法有：反复断弧法、重复圆圈法、回焊转移法等，如图 4-19 所示。

反复断弧法：反复断弧，燃弧时间依次缩短，直到弧坑填满

反复断弧法适用于薄板焊接

重复圆圈法：弧坑处重复划圆圈，逐圈缩小，直到弧坑填满

重复圆圈法适用于厚板焊接

回焊转移法：收尾时，反向焊接10～15mm，逐渐提高电弧并向一侧偏移，直到熔池缩小

回焊转移法适用于碱性焊条

(a) 反复断弧法

(b) 重复圆圈法

(c) 回焊转移法

图 4-19　焊缝的收尾

4.2.9　焊缝的接头

　　焊缝的接头是指后焊焊缝与先焊焊缝的连接位置。焊缝接头应力求均匀，防止产生过高、脱节、宽窄不一致等焊接缺陷。

　　焊缝的接头类型包括分段退焊接头法、中间接头法、相向接头法、向背接头法等，如图 4-20 所示。

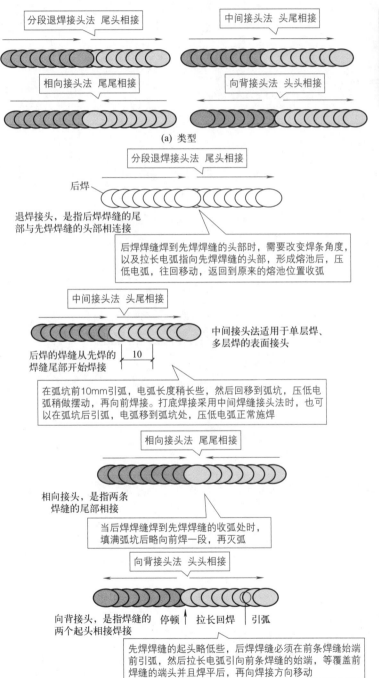

图 4-20　焊缝的接头类型和剖析

焊缝接头连接平整与否，与焊接的熟练程度有关，也与接头位置温度高低有关。温度越高，接头越平整。中间接头要求中断时间要短，更换焊条动作要快。除了单层焊、多层焊的表面焊缝接头可不清理熔渣外，向背接头、相向接头、打底焊缝的接头在焊接前，必须先将接头位置的焊渣清理干净。必要时，为了保证焊缝接头质量，可使用砂轮将接头处打磨成斜坡，再进行接头焊接。

4.3　焊接坡口与形式

4.3.1　焊接坡口

　　焊接坡口是指根据设计或工艺需要，在焊件的待焊部位加工成一定几何形状并经装配后构成的一种沟槽，如图 4-21 所示。

　　坡口的作用主要是增大熔深，提高焊缝截面的有效厚度等。

　　可以用机械、火焰、电弧等方式加工坡口。

坡口角度 α : 35°～60°, α 太大会增加加工余量、焊接成本和变形量

坡口深度 H : 根据需要的焊缝厚度来设定

根部间隙 b : 保证钝边熔透，一般为 2～4mm，过大容易形成虚焊

钝边高度 p : 需要熔透时一般为 1～3mm

图 4-21　焊接坡口

　　开焊接坡口的目的：焊接坡口可以保证电弧能深入焊缝根部使其焊透，以及获得良好的焊缝成形，还便于清渣。对于合金钢而言，坡口还能够起到调节母材金属与填充金属比例的作用。

4.3.2　坡口面形式

　　坡口面形式如图 4-22 所示。

4.3.3　角焊缝坡口形式的主要种类

　　角接接头是指两焊件端部构成大于 30°、小于 135° 的接头。角接头多用于箱形焊件，以及骑座式管接头和筒体的连接等。

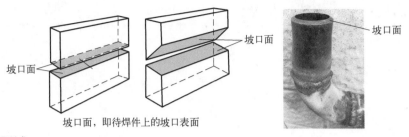

图 4-22　坡口面形式

角接接头形式如图 4-23 所示。

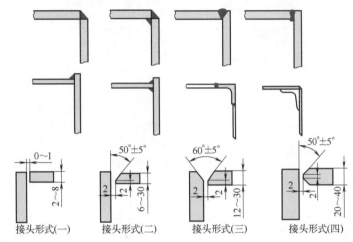

图 4-23　角接接头形式

4.3.4　I 形坡口形式的特点与参数

I 形坡口形式的特点与参数如图 4-24 所示。

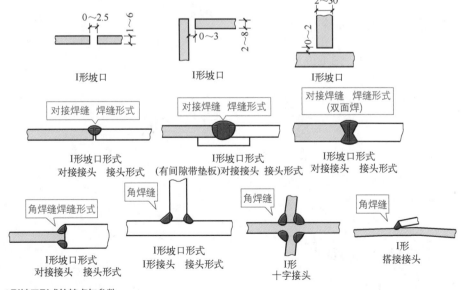

图 4-24　I 形坡口形式的特点与参数

4.3.5　V形坡口形式的特点与参数

V形坡口形式的特点与参数如图4-25所示。

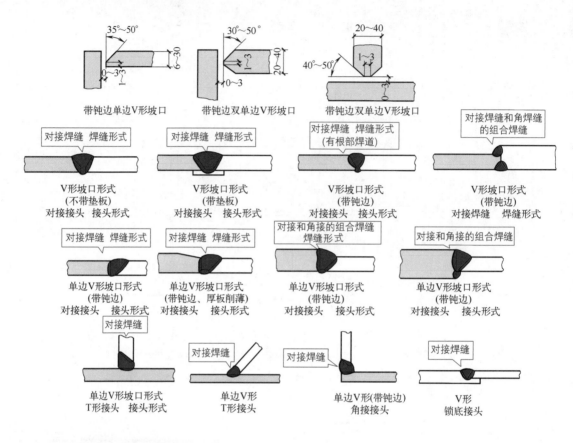

图4-25　V形坡口形式的特点与参数

4.3.6　X形坡口形式的特点

X形坡口形式的特点如图4-26所示。

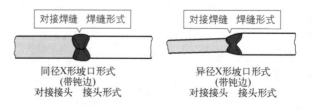

图4-26　X形坡口形式的特点

4.3.7　K形坡口形式的特点

K形坡口形式的特点如图4-27所示。

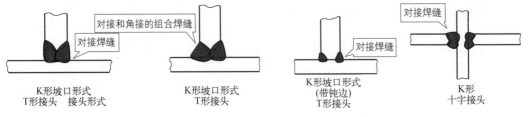

图 4-27　K 形坡口形式的特点

4.3.8　U 形坡口形式的特点与参数

U 形坡口形式的特点与参数如图 4-28 所示。

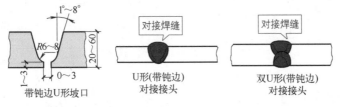

图 4-28　U 形坡口形式的特点与参数

4.3.9　J 形坡口形式的特点

J 形坡口形式的特点如图 4-29 所示。

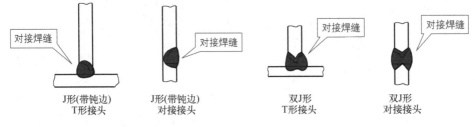

图 4-29　J 形坡口形式的特点

4.3.10　Y 形坡口形式的特点与参数

Y 形坡口形式的特点与参数如图 4-30 所示。

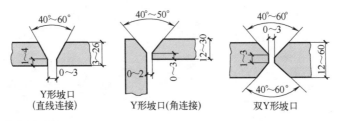

图 4-30　Y 形坡口形式的特点与参数

4.3.11 常见 T 形接头的特点与参数

常见 T 形接头的特点与参数如图 4-31 所示。

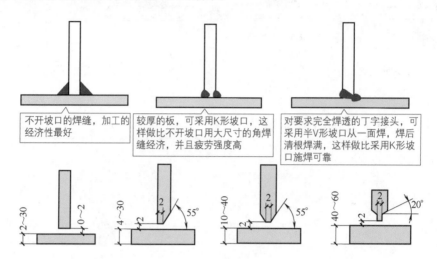

图 4-31 常见 T 形接头的特点与参数

由于 T 形（十字）接头焊缝向母材过渡较急剧，接头在外力作用下力线扭曲很大，因此往往会造成应力分布极不均匀等情况。在角焊缝根部和趾部，往往会有很大的应力集中。

4.3.12 其他坡口形式的特点与参数

对于坡口形式，对接焊缝的焊接边缘可分为卷边、平对或加工成 V 形、X 形、K 形、U 形等，如图 4-32 所示。

方形对接：无间隙，适合于板厚小于 3mm；有间隙或带垫板的对接，适合于板厚小于 16mm。方形对接加工的经济性非常好。

坡口角度过大，会致使焊接热输入大，引起工件变形。坡口钝边过高，会导致不能完全熔透，并且残留的钝边会成为缺陷源。

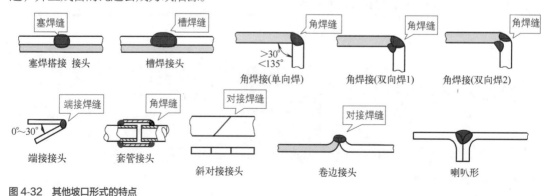

图 4-32 其他坡口形式的特点

一点通

一些坡口形式的特点如下。

单面 V 形坡口形式——适合于板厚大约为 16mm 的焊接。

双面 V 形坡口形式——适合于板厚为 32mm 以下的焊接。

单面 U 形坡口形式——加工难度增加，但比单 V 形坡口节省焊接材料。

双面 U 形坡口形式——加工难度增加，但比双 V 形坡口节省焊接材料。

4.3.13　不等壁厚管子对口加工形式

不等壁厚管子对口加工形式如图 4-33 所示。不等壁厚管子、不等径管子对口焊接等情况，实际工作中也会遇到，如图 4-34 所示。

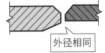

外径相同　　内径相同

图 4-33　不等壁厚管子对口加工形式

焊接后的成形与尺寸，需要达到要求。为此，焊接时需要注意焊接加热与冷却影响下的胀缩

图 4-34　不等壁厚管子、不等径管子对口焊接

4.3.14　焊缝的分类

焊缝是指焊件经焊接后所形成的结合部分。焊缝的分类（焊接形式）如图 4-35 所示。焊缝是构成焊接接头的主体部分，对接接头焊缝、角接接头焊缝是焊缝的基本形式。

连续焊缝如图 4-36 所示。

焊缝的分类
- 按结合方式可分为：对接焊缝、角焊缝、塞焊缝
- 按焊缝断续情况可分为：连续焊缝、断续焊缝
- 按空间位置可分为：平焊缝、横向焊缝、纵向焊缝、立焊缝、仰焊缝
- 按承载方式可分为：工作焊缝、联系焊缝
- 其他焊缝形式：定位焊缝、环缝、螺旋形焊缝、密封型焊缝

图 4-35　焊缝的分类

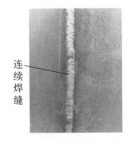

连续焊缝

图 4-36　连续焊缝

4.3.15　焊接接头形式

焊接接头形式如图 4-37 所示。焊接接头实物如图 4-38 所示。

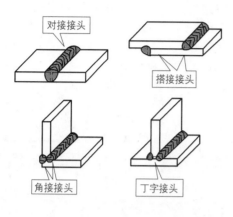

图 4-37　焊接接头形式

图 4-38　焊接接头实物

 一点通

对接接头是指两个被焊工件的表面构成大于或等于135°，小于或等于180°夹角的接头。对接接头是各种焊接结构中采用最多，也是最完善的一种接头形式，具有受力好、强度大和节省金属材料的特点。

一个被焊工件的端面与另一个被焊工件表面构成直角或近似直角的接头称为T形（十字）接头。T形（十字）接头能承受各种方向的力和力矩。

4.3.16　单层焊与多层焊的接头组织

单层焊与多层焊的接头组织如图 4-39 所示。

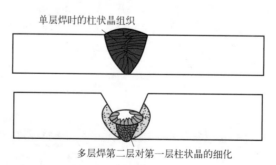

图 4-39　单层焊与多层焊的接头组织

4.3.17　横焊

横焊图示如图 4-40 所示。

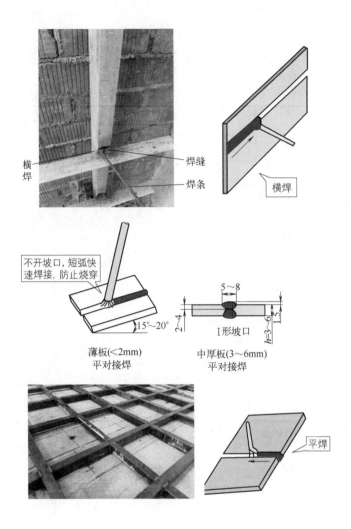

图 4-40　横焊图示

4.3.18　横对接焊

横对接焊如图 4-41 所示。

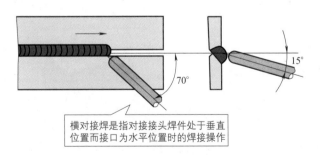

图 4-41　横对接焊

I 形坡口的横对接焊：当焊件厚度小于 6mm 时，一般不开坡口，而采取双面焊接，即正面焊缝的焊接、背面封底焊。

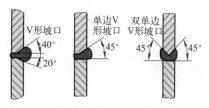

图 4-42 开坡口的横对接焊

开坡口的横对接焊：焊件较厚时，一般采用 V 形、K 形、单边 V 形坡口形式，开坡口的横对接焊可采用多层焊或多层多道焊。

开坡口的横对接焊如图 4-42 所示。

开坡口的横对接焊的斜圆圈运条法如图 4-43 所示。

开坡口的横对接焊多层多道焊的焊条倾角如图 4-44 所示。

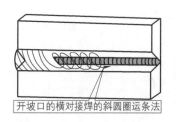

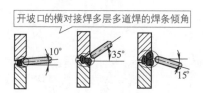

图 4-43 开坡口的横对接焊的斜圆圈运条法

图 4-44 开坡口的横对接焊多层多道焊的焊条倾角

4.3.19 板对接横位单面焊双面成形

板对接横位单面焊双面成形：①打底层焊接；②填充层焊接；③盖面层焊接。

焊件应垂直固定在焊接支架上，以保证接口处于水平位置，并且坡口上缘与焊工视线平齐。打底层焊接的焊条角度及运条轨迹如图 4-45 所示。

多层多道填充焊如图 4-46 所示。

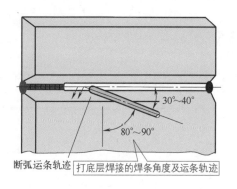

图 4-45 打底层焊接的焊条角度及运条轨迹

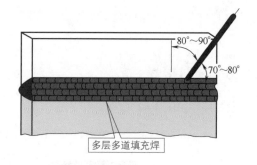

图 4-46 多层多道填充焊

4.3.20 仰焊

仰焊是指焊条位于焊件下方，焊工仰视焊件所进行的焊接，如图 4-47 所示。

仰焊运条的角度如图 4-48 所示。仰焊分为单层焊、多层多道焊、V 形坡口仰对接焊等。

焊件厚度大于 5mm 时应开坡口，V 形坡口仰对接焊的运条方法如图 4-49 所示。

V 形坡口仰对接焊的多层多道焊如图 4-50 所示。焊条角度调整如图 4-51 所示。

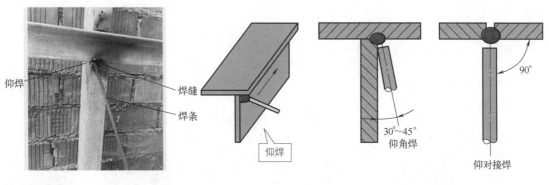

图 4-47　仰焊

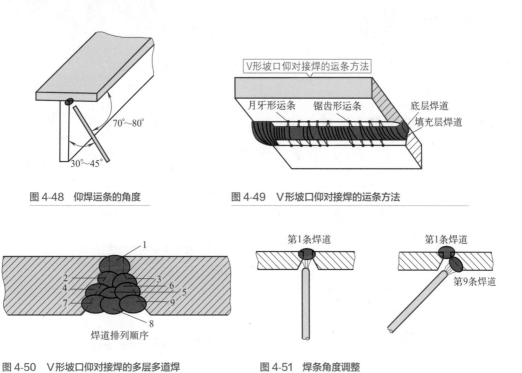

图 4-48　仰焊运条的角度　　　　　图 4-49　V 形坡口仰对接焊的运条方法

图 4-50　V 形坡口仰对接焊的多层多道焊　　　　图 4-51　焊条角度调整

4.3.21　仰对接焊工艺参数

仰对接焊工艺参数包括焊道分布（图 4-52）、焊接层次、焊条直径、焊接电流、焊条型号等。

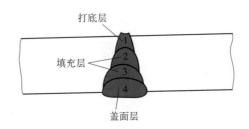

图 4-52　焊道分布

4.3.22 立焊

立焊图示如图 4-53 所示。立焊与横焊的比较如图 4-54 所示。

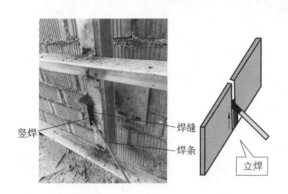

图 4-53 立焊图示

图 4-54 立焊与横焊的比较

4.3.23 点焊接头的基本形式

点焊接头的基本形式包括单排点焊接头、多排点焊接头、加双盖板点焊接头，如图 4-55 所示。

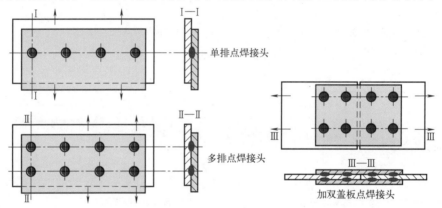

图 4-55 点焊接头基本形式

多排点焊接头上各焊点的受力情况如图 4-56 所示。

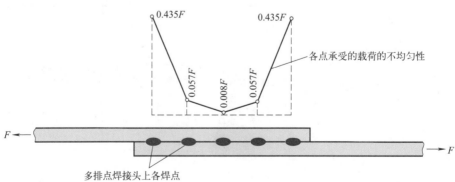

图 4-56 多排点焊接头上各焊点的受力情况

单排搭接点焊的接头中除受切应力外，还承受由偏心力引起的拉应力。点焊搭接接头的应力集中比弧焊搭接接头更为严重。焊点排数多于 3 排是不合理的，因为多于 3 排后，再增加焊点排数并不能明显增加承载能力。

4.3.24　定位焊

装配定位焊时，考虑到焊接变形，应采用反变形的方式，可以利用与母材相同材质的焊条进行定位。定位点大小要求为 5 ～ 15mm。

定位焊与连续焊的效果如图 4-57 所示。

定位焊

连续焊

图 4-57　定位焊与连续焊的效果

4.3.25　工作焊缝与联系焊缝

工作焊缝又称为承载焊缝。工作焊缝是指焊缝与焊件串联成整体，主要承担载荷的作用。焊缝一旦断裂，钢结构就立即受到严重破坏。

工作焊缝图示如图 4-58 所示。

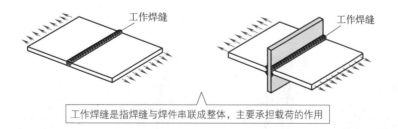

工作焊缝

工作焊缝

工作焊缝是指焊缝与焊件串联成整体，主要承担载荷的作用

图 4-58　工作焊缝图示

联系焊缝不直接承担载荷，工作中受力很小。该焊缝一旦断裂，结构不会立即失效。

联系焊缝图示如图 4-59 所示。

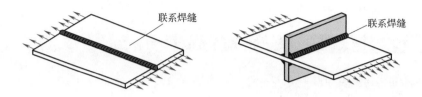

联系焊缝又称非承载焊缝,其是与两个或两个以上的焊件并联成整体(即连接作用)的焊缝

图 4-59　联系焊缝图示

4.3.26　角焊缝的类型

角焊缝是指沿两直交或近直交零件的交线所焊接的焊缝。角焊缝根据受力方向的不同又可分为侧面角焊缝、正面角焊缝,如图 4-60 所示。角焊缝截面形状如图 4-61 所示。

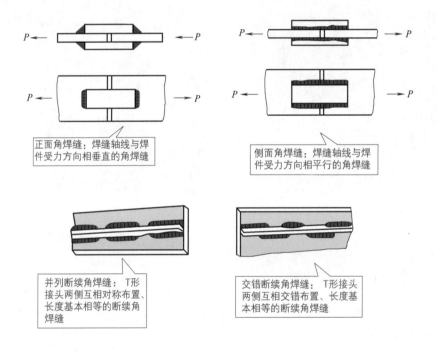

正面角焊缝:焊缝轴线与焊件受力方向相垂直的角焊缝

侧面角焊缝:焊缝轴线与焊件受力方向相平行的角焊缝

并列断续角焊缝:T形接头两侧互相对称布置、长度基本相等的断续角焊缝

交错断续角焊缝:T形接头两侧互相交错布置、长度基本相等的断续角焊缝

图 4-60　角焊缝的类型

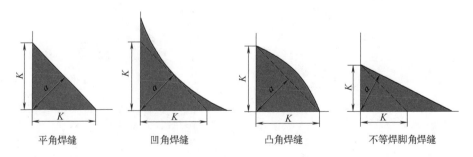

平角焊缝　　　凹角焊缝　　　凸角焊缝　　　不等焊脚角焊缝

图 4-61　角焊缝截面形状

4.4　焊接参数

4.4.1　角焊缝的形状和尺寸

角焊缝的形状和尺寸如图 4-62 所示。最小焊脚尺寸见表 4-1。

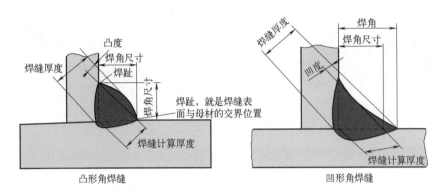

图 4-62　角焊缝的形状和尺寸

表 4-1　最小焊脚尺寸　　　　　　　　　　　　　　　　　　　单位：mm

母材厚度	最小焊脚尺寸	母材厚度	最小焊脚尺寸
≤ 6	3	38～57	10
6～12	5	57～152	12
12～20	6	>152	16
20～38	8		

4.4.2　焊缝的宽度

焊缝的宽度图示如图 4-63 所示。

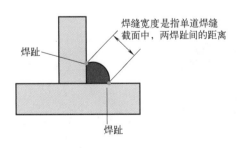

图 4-63　焊缝的宽度图示

4.4.3　焊缝的余高

焊缝的余高是指超出母材表面连线上面的那部分焊缝金属的最大高度，如图 4-64 所示。

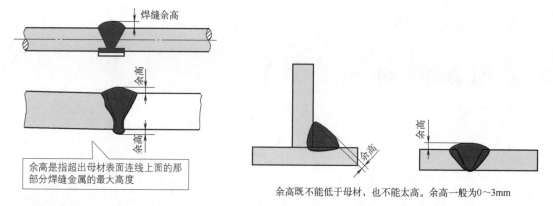

图 4-64　焊缝的余高

余高会使焊缝的截面积增加，强度会提高，但是也能够使焊趾处产生应力集中。

4.4.4　焊缝的熔深

焊缝的熔深是指焊缝截面上母材或者前道焊缝熔化的深度，如图 4-65 所示。

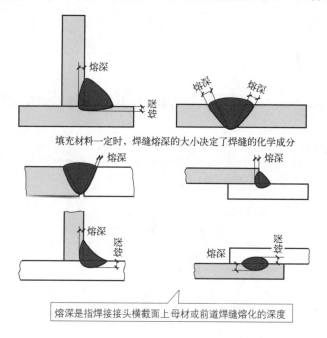

图 4-65　焊缝的熔深

4.4.5　焊缝厚度

焊缝厚度是指在焊缝截面中，焊缝正面到焊缝背面的距离，如图 4-66 所示。

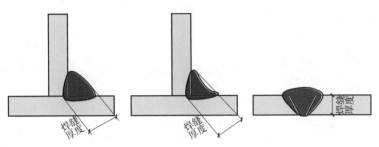

图 4-66 焊缝厚度

4.4.6 焊根

焊根是指焊缝背面与母材的交界位置，如图 4-67 所示。

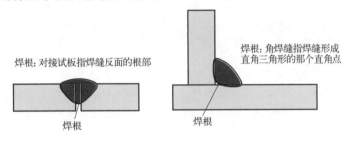

图 4-67 焊根

4.4.7 焊缝成形系数

熔焊时，单道焊缝横截面上焊缝宽度（B）与焊缝熔深（H）之比，即 $\Psi=B/H$ 称为焊缝成形系数，如图 4-68 所示。

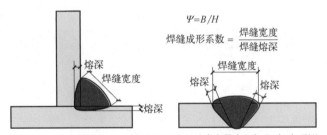

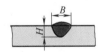 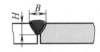

图 4-68 焊缝成形系数

 一点通

焊缝成形系数 Ψ 应保持一定的数值。埋弧焊的焊缝成形系数 Ψ 要大于 1.3。

4.4.8 焊接参数的选择

焊接参数的选择原则如图 4-69 所示。

焊条直径 − − − − 根据焊件厚度、接头形式、焊接位置选择

焊接电流 − − − − 根据焊条直径、焊条类型、焊接位置、焊接层次选择

电弧电压 − − − − 根据电弧长短选择

图 4-69 焊接参数的选择原则

一点通

焊接电流大，熔深大。电流太大，焊条会发红，导致药皮变质，容易咬边，产生大弧坑，甚至烧穿。焊接电流太小，则焊不透，会夹渣，不宜引弧。电弧电压，取决于电弧长度。电弧越长，电弧电压越高，熔宽增加。电弧太长，燃烧不稳，飞溅大，容易咬边，产生气孔。电弧太短，易粘焊条。

4.4.9 焊接工艺参数

焊接工艺参数是指焊接时为保证焊接质量而选定的各项参数的总称。

焊接工艺参数通常包括电源极性、焊条的选择、焊接电流、电弧电压、焊接速度、焊接层数、线能量、电弧偏吹等，见表 4-2。

表 4-2 焊接工艺参数

名称	解　　释
电源极性	（1）正极性——正极性也叫作正接，即电源正极接焊件，电源负极接电极。焊件接阳极，产热较多，一般用于厚板上的焊接 （2）负极性——负极性也叫作反接，即电源正极接电极，电源负极接焊件。焊件接阴极，产热较少，一般用于薄板上的焊接 （3）碱性焊条一般采用反接
焊条的选择	（1）焊条牌号的选择——根据钢材的化学成分、力学性能、工作环境等综合考虑 （2）焊条直径的选择——对于手弧焊焊接，一般先根据焊件的厚度选择焊条直径。焊条直径的选择还需要与焊接层数、接头形式、焊接位置等关联考虑
焊接电流	（1）焊接电流与焊条直径有关 ①电流大——声音大、飞溅大、易出现缺陷 ②电流小——池渣不清、易粘焊条 ③电流合适——煎鱼声，焊缝圆滑过渡 （2）电流还影响熔宽 （3）焊接电流的选择原则 ①根据焊缝位置来选择 ②根据焊接经验来选择 ③根据焊条类型来选择 ④根据焊条直径来选择

续表

名称	解　释
电弧电压	（1）手弧焊时的电弧电压主要由电弧长度来决定 （2）电弧长，电弧电压高；电弧短，电弧电压低 （3）电弧电压的选择，会影响熔深
焊接速度	（1）焊接速度指焊条沿焊缝方向向前移动的速度。一般当焊道的熔宽为焊条直径的 2 倍时，焊速较适当 （2）焊件越薄，焊接速度越快；焊件越厚，焊接速度越慢
焊接层数	（1）当工件厚度较大时，需要采用多层焊接，以保证焊缝的力学性能 （2）一般每层厚度为焊条直径的 0.8 ～ 1.2 倍时，比较合适，生产率高且易控制
线能量	（1）线能量是指熔焊时，由焊接能源输入给单位长度焊缝上的能量 （2）线能量增大时，过热区的晶粒粗大，韧性严重降低；反之，线能量趋小时，硬度虽提高，但是韧性变差
电弧偏吹	（1）电弧偏吹产生的原因 ①磁场的影响 ②焊条偏心的影响 ③气流的影响 （2）电弧偏吹克服的措施 ①出现电弧偏吹，可适当调整焊条角度，使焊条向偏吹一侧倾斜 ②将连接焊件的地线同时接于焊件两侧，可以减小磁偏吹 ③尽可能使用交流弧焊电源焊接 ④室外作业可用挡板遮挡大风或"穿堂风"，以对电弧进行保护 此外，采用小电流和短弧焊接对克服电弧偏吹也能起一定作用

 一点通

对于不重要的结构，一般选择酸性焊条；对于重要构件，一般选择碱性焊条。立焊、横焊、开坡口多层焊的第一层施焊时，需要选用直径小一点的焊条。对于不同钢种和不同焊接方法，存在一个最佳的焊接工艺参数。

4.5　焊接的合理性

4.5.1　焊接角度

焊接角度如图 4-70 所示。

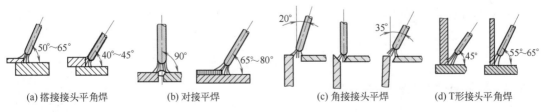

(a) 搭接接头平角焊　　(b) 对接平焊　　(c) 角接接头平角焊　　(d) T形接头平角焊

图 4-70　焊接角度

4.5.2　搭接接头

搭接接头是指两块板料相叠，而在端部或侧面进行角焊，或加上塞焊缝、槽焊缝连接的接头。

搭接接头中，根据搭接角焊缝受力方向的不同，可以将搭接角焊缝分为正面角焊缝、侧面角焊缝、斜向角焊缝等。

搭接接头如图4-71所示。

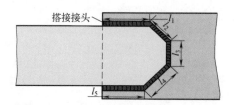

图 4-71　搭接接头

$l_1 \sim l_5$ 表示两块板料相叠搭接角各焊缝长度

焊缝布置的一般原则：对称布置变形小；焊缝远离加工面；避开应力最大处；焊缝布置求分散；尽量平焊效率高；便于操作想周到。

4.5.3　开槽焊搭接接头

开槽焊搭接接头的构造如图4-72所示。先将被连接件冲切成槽，然后用焊缝金属填满该槽，槽焊焊缝断面为矩形，其宽为被连接件厚度的2倍，开槽长度应比搭接长度稍短一些。

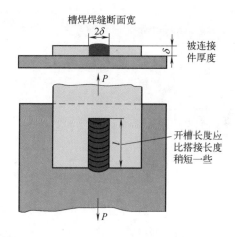

图 4-72　开槽焊搭接接头的构造

P—应力

4.5.4　低碳钢的搭接接头的疲劳强度

低碳钢搭接接头的疲劳强度对比示意（试验）如图4-73所示。

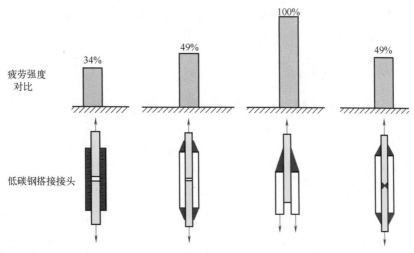

图 4-73 低碳钢搭接接头的疲劳强度对比示意（试验）

 一点通

　　焊接结构材料的选择原则：高强度结构钢，尽量优先选；异种钢材互焊时，如果是低合金钢、低碳钢一类的，则以强度低的为标准选择焊材。焊接工艺根据焊接性差的一方执行；对于重要结构应选用镇静钢；满足使用要求，选易焊材；多用锻、压、型材，减少焊缝。

4.5.5　提高疲劳强度的工艺措施

　　提高疲劳强度的工艺措施，可以采用降低应力集中的方法。采用合理的结构形式，可以降低应力集中。

　　结构形式正误方案比较如图 4-74 所示。某些情况下，可以通过开缓和槽使力线绕开焊缝的应力集中处来提高接头的疲劳强度。

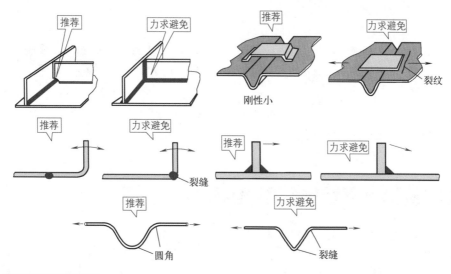

图 4-74　结构形式正误方案比较

采用角焊缝时（有时不可避免）须采取综合措施（例如合理选择接板形状、机械加工焊缝端部、焊缝根部保证熔透等）来提高接头的疲劳强度。采取这些措施，可以降低应力集中并且消除残余应力的不利影响。

 一点通

用表面机械加工的方法，消除焊缝与其附近的各种刻槽，可以降低构件中的应力集中程度，以提高接头疲劳强度。采用电弧 TIG 或等离子束整形的方法可以代替机械加工的方法来使焊缝与基本金属间平滑过渡。

4.5.6 塞焊

塞焊是指在被连接的钢板上钻孔来代替槽焊的槽，用焊缝金属将孔填满使两板连接起来。塞焊可分为圆孔内塞焊、长孔内塞焊等种类，如图 4-75 所示。

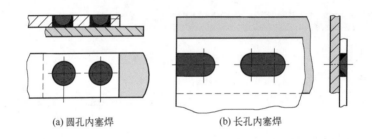

(a) 圆孔内塞焊　　　　　　　　(b) 长孔内塞焊

图 4-75　塞焊

4.5.7 堆焊电流对堆焊焊缝尺寸的影响

堆焊电流对堆焊焊缝尺寸的影响图示如图 4-76 所示。

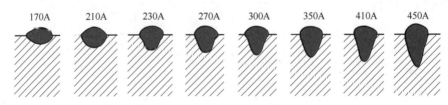

170A　　210A　　230A　　270A　　300A　　350A　　410A　　450A

图 4-76　堆焊电流对堆焊焊缝尺寸的影响图示

 一点通

采用挑弧焊时，为了有效地保护好熔池，挑弧长度不应超过 6mm。采用灭弧焊时，在焊接初始阶段，因为焊件较冷，灭弧时间短些，焊接时间可长些，随着焊接时间延长，焊件温度增加，灭弧时间要逐渐增加，焊接时间要逐渐缩短，这样才能有效地避免出现烧穿和焊瘤。

4.5.8 接头形式的合理与不合理

接头形式的合理与不合理图示如图 4-77 所示。

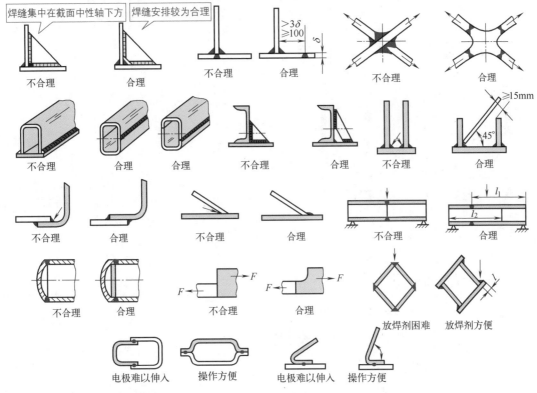

图 4-77　接头形式的合理与不合理图示

4.5.9 合理的焊接结构

对于有脆断倾向的焊接结构，应注意以下几个原则。

① 不采用过厚的截面。

② 在满足结构的使用条件下，应尽量减少结构的刚度，以期降低应力集中和附加应力的影响。

③ 对于附件或不受力焊缝的设计、焊接，应和主要承力焊缝一样给予足够重视。

④ 减少和消除焊接残余拉伸应力的不利影响。

⑤ 尽量减少结构或焊接接头部位的应力集中。

不同厚度的构件的对接接头应当尽可能采用圆滑过渡，如图 4-78 所示。

在设计中应尽量采用应力集中系数小的对接接头，如图 4-79 所示。

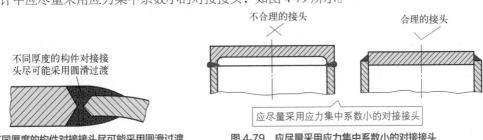

图 4-78　不同厚度的构件对接接头尽可能采用圆滑过渡　　**图 4-79　应尽量采用应力集中系数小的对接接头**

　　避免和减少焊缝的缺陷，将焊缝布置在便于焊接和检验的地方。避免焊缝密集，容器焊接时焊缝之间的最小距离如图4-80所示。

　　一些结构截面改变的地方，设计成平缓过渡，不要形成尖角，如图4-81所示。

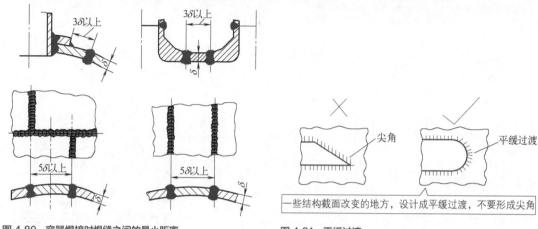

图 4-80　容器焊接时焊缝之间的最小距离

图 4-81　平缓过渡

4.5.10　焊缝大小的设计

　　焊缝大小的合理设计图示如图4-82所示。

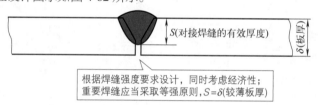

图 4-82　焊缝大小的合理设计图示

4.5.11　焊接的可操作性

　　焊接的可操作性，也就是不方便焊接操作与方便焊接操作，如图4-83所示。

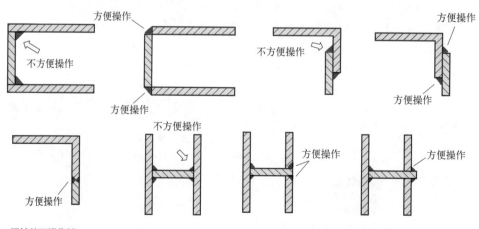

图 4-83　焊接的可操作性

4.5.12 对称布置结构的焊接

焊缝对称布置的结构，应由偶数焊工对称地施焊，如图 4-84 所示。

4.5.13 长焊缝的焊接方向和顺序

焊接长焊缝（1m 以上）时，为减小其焊后的收缩变形，可采用的方向和顺序如图 4-85 所示。

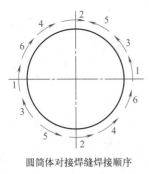

圆筒体对接焊缝焊接顺序

图 4-84　焊接对称布置的结构

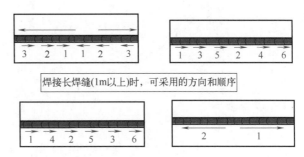

焊接长焊缝(1m以上)时，可采用的方向和顺序

图 4-85　长焊缝可采用的方向和顺序

4.5.14 尽量避免焊缝的密集与交叉

避免焊缝的密集与交叉非常重要，可以避免焊缝交叉的措施与最优焊接顺序如图 4-86 所示。

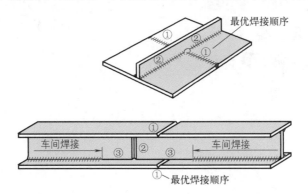

图 4-86　可以避免焊缝交叉的措施与最优焊接顺序

4.5.15 矫正焊接变形的措施

矫正焊接变形的措施，包括手工矫正法、机械矫正法、火焰加热矫正法，如图 4-87 所示。火焰加热的方式有点状加热、线状加热、三角形加热。

火焰加热矫正焊接变形措施的采用与否取决于下列的因素。

（1）加热方式

点加热法——适合刚度小的构件板面的波浪变形和构件弯曲变形。

线状加热法——适合中等刚性构件的角变形。

三角形加热法——适合刚度大、厚度大的构件的弯曲变形。

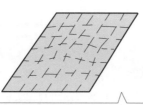

手工矫正法：利用锤子等工具锤击焊件的变形处，使材料延伸补偿焊接收缩。
手工矫正法适用于一些尺寸小、刚度小的零部件

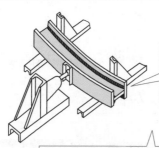

机械矫正法适用于塑性好、形状简单的材料。
机械矫正法是指利用机械力使构件产生与焊接变形
方向相反的塑性变形，使两者相互抵消，达到消除
应力与变形的目的

火焰加热矫正法是指利用火焰对构件进行局部加热并随之快冷，使较
长的金属在冷却后收缩(与机械矫正法相反)，以达到矫正变形的目的

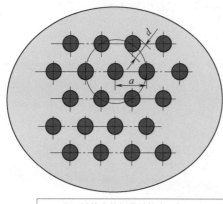
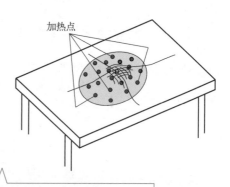

四周已被约束的板状结构中，板上产生挠曲变形(波浪变形)时采用圆点加热法

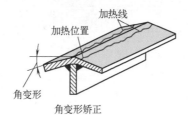

矫正对接焊或者角焊产生的角变形采用线状加热法

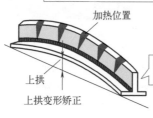

矫正板的周围挠曲变形和T形接缝的弯
曲变形，采用楔形(三角形)加热法

图4-87　矫正焊接变形的措施

（2）加热位置

在变形凸起的部位进行加热，加热长度不超过全长的 70%，深度为板厚的 30% ～ 50%，宽度为板厚的 0.5 ～ 2 倍。

（3）加热温度与加热区的面积

构件的变形量由材质等决定。变形量大，加热的温度应高些。

　一点通

手工矫正法，易出现锤疤和裂纹会使材料变脆，并且劳动强度大，生产效率低。火焰矫正法一般适用于矫正波浪变形、角变形、弯曲变形、扭曲变形等情况。机械矫正法生产效率高，矫正表面质量好，简单易操作。

4.5.16　减小 T 形接头的角变形的方法

减小 T 形接头的角变形的方法如图 4-88 所示。

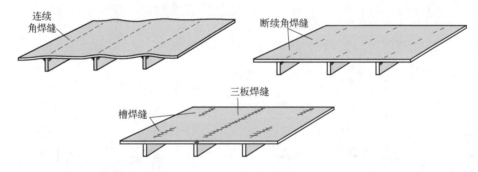

图 4-88　减小 T 形接头的角变形的方法

4.5.17　不同材料消除焊接残余应力的回火温度

不同材料消除焊接残余应力的回火温度见表 4-3。

表 4-3　不同材料消除焊接残余应力的回火温度

材料种类	碳钢及低合金钢	奥氏体钢	铝合金	镁合金	钛合金	铌合金	铸铁
回火温度 / ℃	580 ～ 680	850 ～ 1050	250 ～ 300	250 ～ 300	550 ～ 600	1100 ～ 1200	600 ～ 650

4.6　焊接操作技能

4.6.1　立焊基本姿势

立焊基本姿势有蹲式、坐式、站式三种，如图 4-89 所示。

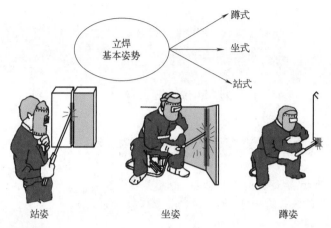

图 4-89　立焊基本姿势

4.6.2　立焊握钳方法

立焊握钳方法分为正握法、平握法、反握法，如图 4-90 所示。立焊握钳方法可根据实际情况和个人习惯来确定，一般常用正握法。

根据焊接方向的不同，立焊分为立向上焊法和立向下焊法。立向下焊法要求专用的立向下焊条，如图 4-91 所示。

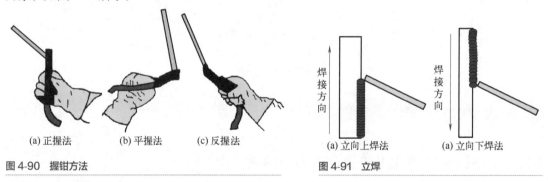

图 4-90　握钳方法

图 4-91　立焊

4.6.3　立焊操作的一般要求

立焊操作的正确焊条角度，如图 4-92 所示。

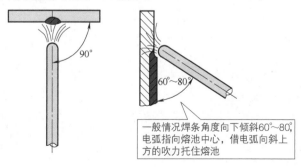

图 4-92　立焊操作的正确焊条角度

熔池形状与温度的关系如图 4-93 所示。焊接时注意对熔池形状进行观察与控制。

图 4-93　熔池形状与温度的关系

4.6.4　对接焊缝

对接焊缝是沿着两个焊件间形成的，有不开坡口（或开 I 形坡口）和开坡口的两种。焊缝表面形状有上凸的、表面平齐的，如图 4-94 所示。

图 4-94　对接焊缝

4.6.5　抽条大小头的加工

抽条大小头的加工如图 4-95 所示。

4.6.6　管子对接辅助措施

管子对接辅助措施如图 4-96 所示。

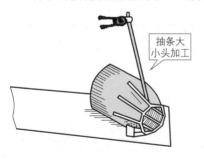

图 4-95　抽条大小头的加工

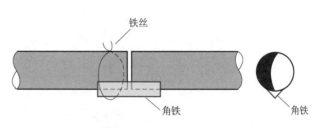

图 4-96　管子对接辅助措施

4.7　焊缝缺陷与分析

4.7.1　焊缝缺陷的类型

根据缺陷在焊缝中的位置，焊缝缺陷分外部缺陷和内部缺陷，如图 4-97 所示。

例如:内部气孔、未焊透、内部裂纹、内部夹渣等

内部缺陷—— 位于焊缝内部,需要用无损探伤或破坏性试验才能发现

外部缺陷—— 位于焊缝的外表面,可以用肉眼或低倍放大镜看到

例如:焊缝尺寸不符合要求、焊瘤、表面气孔、表面裂纹、咬边、烧穿、弧坑

图 4-97 焊缝缺陷的类型

4.7.2 焊缝尺寸不符合要求的原因与防止措施

焊缝尺寸不符合要求的原因与防止措施如图 4-98 所示。

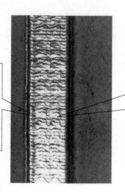

焊缝尺寸不符合要求的主要产生原因
- 焊接电流过大或过小
- 焊缝坡口开得不当或装配间隙不均匀
- 焊接速度快慢不均或运条不正确,焊条角度太大或太小

焊缝尺寸不符合要求的防止措施
- 正确选择焊接电流
- 选择适当的坡口角度与装配间隙,可提高装配质量
- 合理选择焊接速度的快慢, 正确掌握运条方法,选择合理的焊条角度。根据焊件装配间隙的变化,随时调整焊接速度、焊条角度,以保证焊缝均匀

图 4-98 焊缝尺寸不符合要求的原因与防止措施

4.7.3 焊缝咬边

焊缝咬边又称为咬肉,是金属焊接的一种不良焊接状态,即在焊缝边缘的母材上出现被电弧烧熔的凹槽,如图 4-99 所示。产生焊缝咬边的原因主要是电流过大或电弧过长等。

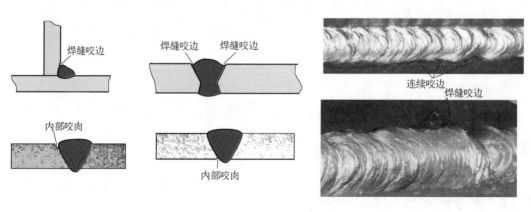

图 4-99 焊缝咬边

一点通

　　咬边防止措施：①角焊时，焊条要采用合适的角度和保持一定的电弧长度；②选择适当的焊接电流，保持运条的均匀。

4.7.4　焊缝弧坑

　　焊缝弧坑如图 4-100 所示。

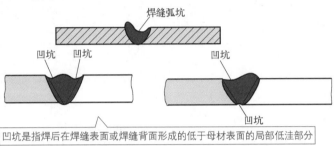

图 4-100　焊缝弧坑

4.7.5　焊缝气孔

　　焊缝气孔如图 4-101 所示。

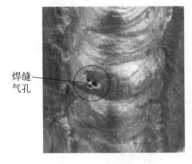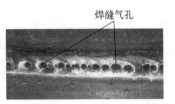

图 4-101　焊缝气孔

4.7.6　未焊透

　　未焊透如图 4-102 所示。

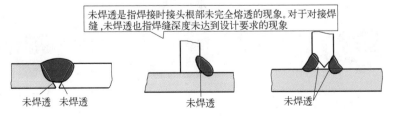

图 4-102　未焊透

4.7.7　下塌

下塌如图 4-103 所示。

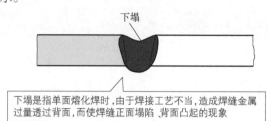

图 4-103　下塌

4.7.8　焊瘤

焊瘤如图 4-104 所示。

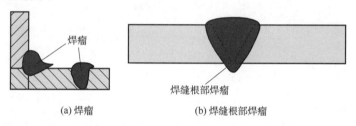

图 4-104　焊瘤

4.7.9　裂纹

裂纹的形式如图 4-105 所示。

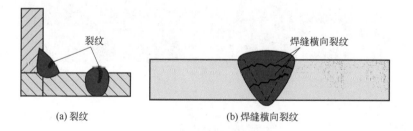

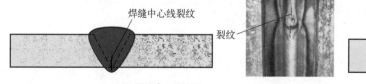

图 4-105　裂纹的形式

4.7.10 其他焊缝缺陷

其他焊缝缺陷见表 4-4。

表 4-4 其他焊缝缺陷

名称	图例	名称	图例
焊缝高低	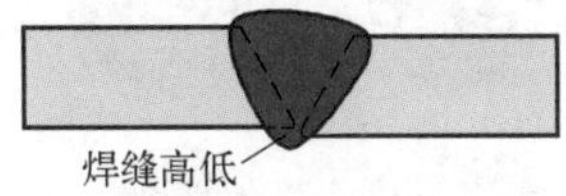 焊缝高低	焊缝内部未熔合	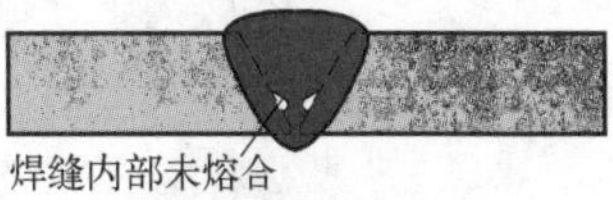 焊缝内部未熔合
焊缝根部凹陷	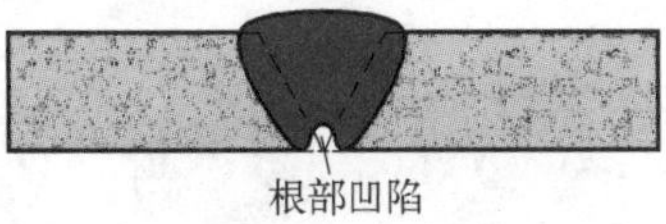 根部凹陷	焊缝内侧未熔合	 焊缝内侧未熔合
焊缝根部未熔合	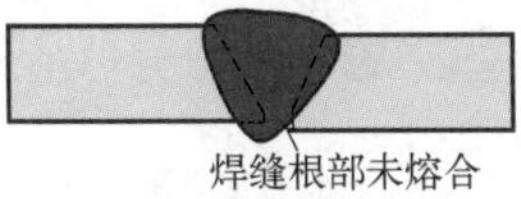 焊缝根部未熔合	焊缝烧穿	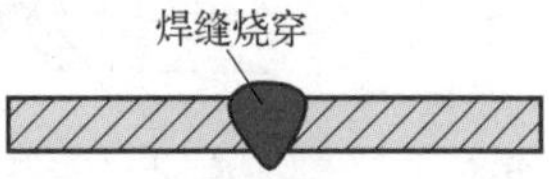 焊缝烧穿
焊缝夹珠	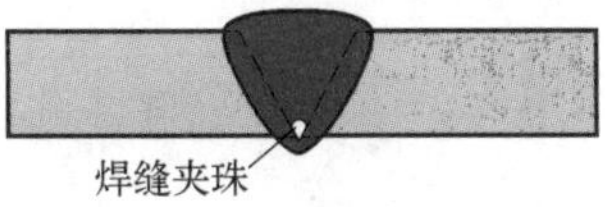 焊缝夹珠	焊缝增强高	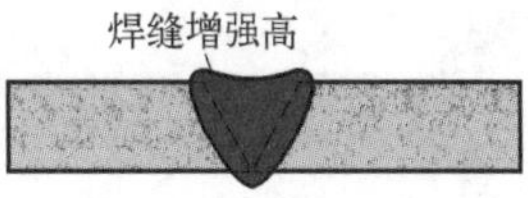 焊缝增强高
焊缝链状气孔	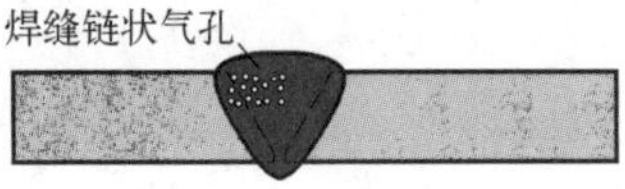 焊缝链状气孔	焊缝单个夹渣	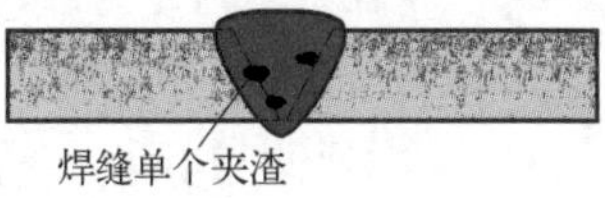 焊缝单个夹渣

4.7.11 各种类型的疲劳断口形态

疲劳断裂的过程一般由三个阶段组成。

一阶段为裂纹萌生，即在应力集中位置产生初始疲劳裂纹。

二阶段为裂纹稳定扩展。

三阶段为失稳断裂。

焊接接头中，产生疲劳裂纹一般要比其他连接形式的循环次数少。这是因为焊接接头中不仅有应力集中，而且这些部位易产生焊接接头缺陷，残余焊接应力也比较高。

疲劳断裂的物理过程示意如图 4-106 所示。

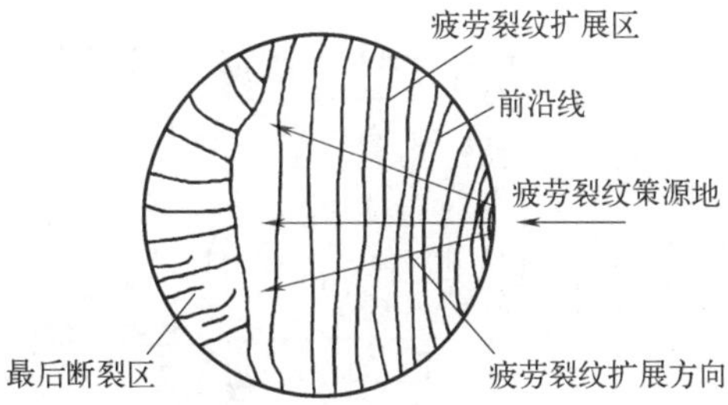

各种类型的疲劳的断口形态示意（图 4-107）表征了载荷类型、应力大小、应力集中等因素对断口形态的影响。

图 4-106　疲劳断裂的物理过程示意

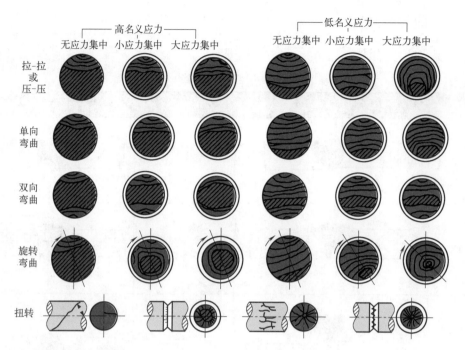

图 4-107 各种类型的疲劳断口形态示意

从断裂开始点向四周射出类似贝壳纹的疲劳纹。对于塑性材料，宏观断口为纤维状，暗灰色；对于脆性材料则是结晶状。

4.7.12 影响焊接接头性能的主要因素

影响焊接接头性能的主要因素示意如图 4-108 所示。

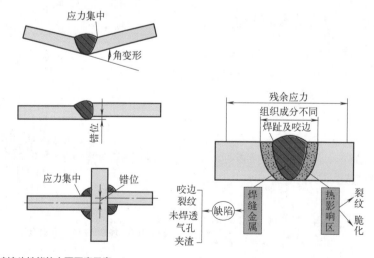

图 4-108 影响焊接接头性能的主要因素示意

4.7.13　焊接接头的不均匀性

焊接接头的不均匀性，使得热影响区强度与延性分布不同，如图 4-109 所示。

热影响区韧性的变化使得焊缝脆化区不同，其中低碳钢的脆化区常在近缝区的 200 ~ 400℃ 间，如图 4-110 所示。

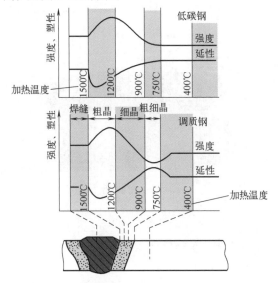

图 4-109　热影响区强度与延性分布示意

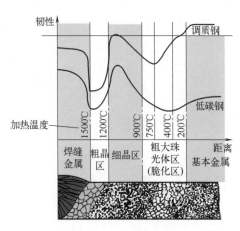

图 4-110　热影响区韧性的变化

4.7.14　斜向角焊缝搭接强度与斜向角的关系

斜向角焊缝搭接强度与斜向角的关系如图 4-111 所示。

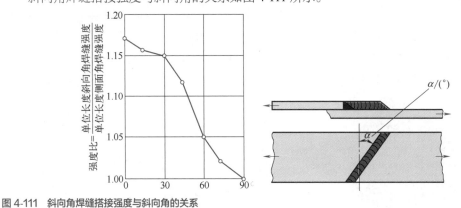

图 4-111　斜向角焊缝搭接强度与斜向角的关系

4.8　焊接变形

4.8.1　焊接变形的种类

焊接变形的种类，根据其对结构影响的大小可分为整体变形和局部变形，如图 4-112 所示。

整体变形是指整个结构的形状或尺寸发生变化。整体变形是由焊缝在各个方向收缩所引起的。整体变形包括直线变形、弯曲变形、扭曲变形等。

局部变形是指结构的某些部分发生变形。局部变形包括角变形、波浪变形等。

4.8.2 弯曲变形

焊接结构的变形是由各种形式的变形综合而成的。钢材边缘堆焊，除纵向收缩变形外，也会产生弯曲变形。弯曲变形示意如图 4-113 所示。

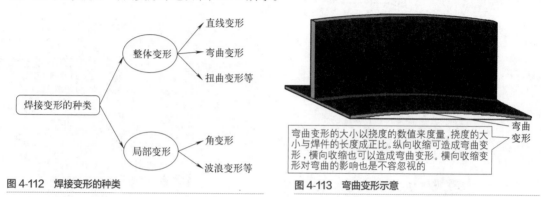

图 4-112 焊接变形的种类

弯曲变形的大小以挠度的数值来度量，挠度的大小与焊件的长度成正比。纵向收缩可造成弯曲变形，横向收缩也可以造成弯曲变形。横向收缩变形对弯曲的影响也是不容忽视的

图 4-113 弯曲变形示意

4.8.3 角变形

焊缝沿厚度方向加热不均匀以及各层焊缝的收缩不一致，会使板材绕焊缝轴线旋转一个角度，该现象称为角变形。角变形示意如图 4-114 所示。

4.8.4 波浪变形

波浪变形主要出现在薄板焊接结构中。波浪变形产生的原因：一种是由于焊缝的纵向缩短对薄板边缘造成一定的压应力；另一种是由于焊缝横向缩短所形成的角变形。

波浪变形示意如图 4-115 所示。

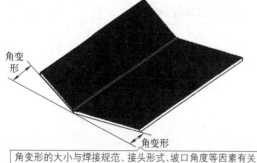

角变形的大小与焊接规范、接头形式、坡口角度等因素有关
焊接区域加热能量大，对薄板来说，降低了角变形，对较厚板来说，角变形反而增加，但当焊件厚度很大时，由于其刚性增大使角变形又会减小
坡口角度和坡口形状对角变形影响较大
坡口角度越大，上下横向收缩量的差别越大，角变形也就越大
不同的施焊方法，其最终的角变形也不一样。采用多层焊要比单层焊时的角变形大

图 4-114 角变形示意

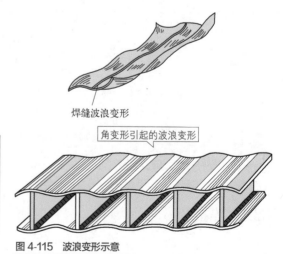

焊缝波浪变形

角变形引起的波浪变形

图 4-115 波浪变形示意

4.8.5 扭曲变形

扭曲变形产生的原因是焊后焊缝的纵向和横向缩短引起各种形式的变形和焊接残余应力。扭曲变形示意如图 4-116 所示。由纵向焊接错边引起的箱形构件的扭曲变形如图 4-117 所示。

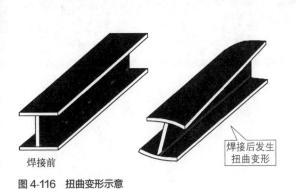

图 4-116　扭曲变形示意

图 4-117　由纵向焊接错边引起的箱形构件的扭曲变形

4.8.6 变形测量

变形测量示意如图 4-118 所示。

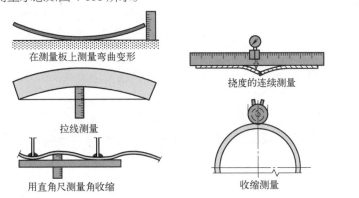

图 4-118　变形测量示意

4.8.7 防焊接变形措施

防焊接变形措施，可以采用加角铁的形式，如图 4-119 所示。另外，还可以采用反变形法等。

反变形法是指根据焊后变形的情况，预先给予一个方向相反、大小相等的变形，使构件焊后变形很小甚至完全消失。反变形法如图 4-120 所示。

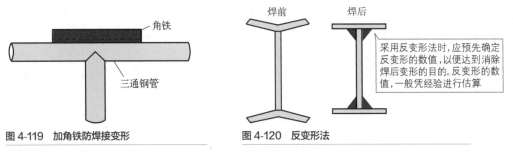

图 4-119　加角铁防焊接变形

图 4-120　反变形法

第**5**章

氩弧焊

5.1 氩弧焊的基础知识与常识

5.1.1 气体保护焊

气体保护焊是指利用外加气体作为保护介质的一种电弧焊方法。保护气体有单原子气体氦气、氩气；双原子气体氢气、氮气等，其中氩气比较常用。

气体保护焊的优点：电弧与熔池可见性好，操作方便；没有熔渣或很少熔渣，无须焊后清渣。

气体保护焊的缺点：在室外作业时需要采取专门的防风措施等。

根据焊接过程中电极是否熔化，可分为不熔化极（钨极）气体保护焊和熔化极气体保护焊，如图 5-1 所示。

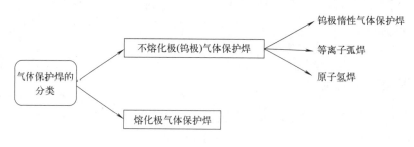

图 5-1　气体保护焊的分类

钨极惰性气体保护焊是指在惰性气体的保护下，利用钨电极与工件间产生的电弧热熔化母材和填充焊丝（如果使用填充焊丝）的一种焊接方法。

钨极惰性气体保护焊工作特点：焊接时保护气体从焊枪的喷嘴中连续喷出，在电弧周围形成气体保护层隔绝空气，以防止其对钨极、熔池、邻近热影响区的有害影响，从而可获得优质的焊缝。保护气体可采用氩气、氦气或氩氦混合气体。在特殊应用场合，可添加少量的氢气。

一点通

用氩气作为保护气体时称钨极氩弧焊，用氦气作为保护气体时称钨极氦弧焊。因氦气价格高，在工业上钨极氩弧焊的应用比钨极氦弧焊广泛得多。

5.1.2　MIG 焊

熔化极气体保护电弧焊是指使用熔化电极，以外加气体作为电弧介质，并且保护金属熔滴、焊接熔池、焊接区高温金属的电弧焊方法。

用实芯焊丝的惰性气体（Ar 或 He）保护电弧焊法，称为熔化极惰性气体保护焊，简称 MIG 焊，如图 5-2 所示。

熔化极惰性气体保护焊 ——简称——▶ MIG 焊

melt inert-gas welding ——英文简称——▶ MIG 焊

图 5-2　MIG 焊

5.1.3　MAG 焊

MAG 焊是指在氩气中加入少量的氧化性气体（氧气、二氧化碳或其混合气体）混合而成的一种混合气体保护焊，如图 5-3 所示。

常用的是 80% Ar+20% CO_2 的混合气体，由于混合气体中氩气占的比例较大，故又称为富氩混合气体保护焊。

MAG 焊可采用短路过渡、喷射过渡、脉冲喷射过渡进行焊接，能够获得稳定的焊接工艺性能与良好的焊接接头。

MAG 焊可用于各种位置的焊接，尤其适用于碳钢、合金钢、不锈钢等黑色金属材料的焊接。

MAG 焊的工艺内容与工艺参数的选择原则与 MIG 焊相似。焊前清理没有 MIG 焊要求那么严格。

MAG 焊 ——▶ 熔化极活性气体保护电弧焊的英文简称

MAG 焊 ——▶ 英文为 metal active gas arc welding

图 5-3　MAG 焊

5.1.4　氩弧焊

使用氩气作为保护气体的保护焊称为氩弧焊。氩气是惰性气体，可以保护电极和熔化金属不受空气的侵害影响。

根据所用电极的不同，氩弧焊可以分为熔化极氩弧焊和非熔化极氩弧焊等种类，如图 5-4 所示。

熔化极氩弧焊——用连续送给的焊丝（金属丝）作为电极。

非熔化极氩弧焊——用高熔点的钨棒作为电极（简称钨极氩弧焊）。

氩弧焊使用的钍钨极含有 1% ～ 3.5% 的氧化钍，钍为天然放射性物质，能放出 α、β、γ 三种射线，其中 α 射线占 90%，β 射线占 9%，γ 射线占 1%。

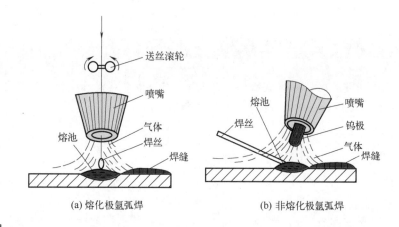

图 5-4   氩弧焊

应用钍钨棒施焊时，有放射性气溶胶存在，并且会扩散到操作现场的空气中。

氩弧焊焊接过程中，由于电弧温度达 8000 ～ 15000℃，因此所产生的紫外线强度也较高。

在短波段内，氩弧焊所产生的紫外线强度为手工电弧焊的 30 倍。在长波段内，氩弧焊所产生的紫外线强度为手工电弧焊的 5 ～ 10 倍。

氩弧焊焊接过程中，需借助高频振荡器激发起弧。因此，在起弧的瞬间（2 ～ 3s）有高频电磁场存在。由于高频存在时间较短，所以高频电磁场对人体的影响较小。

氮氧化合物可能会同时存在，主要是由于焊接电弧的高温作用引起空气中氮、氧分子离解与重新结合形成的产物。氩弧焊中的氮氧化合物高于手工电弧焊、埋弧焊、二氧化碳保护焊。

金属烟尘主要来源于焊接时的金属氧化物。

氩弧焊产生的臭氧，特别是焊接铝 / 镁有色金属产生的臭氧比其他焊接更多。

5.1.5   钨极氩弧焊手握焊枪姿势

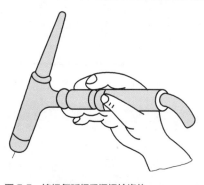

图 5-5   钨极氩弧焊手握焊枪姿势

钨极氩弧焊手握焊枪姿势如图 5-5 所示。

5.1.6   TIG 焊

无论是人工焊接还是自动焊接 0.5 ～ 4mm 厚的不锈钢，TIG 焊都是最常用到的焊接方式。

TIG 焊，即 tungsten inert gas welding，又称为非熔化极惰性气体保护电弧焊、钨极惰性气体保护焊。

TIG 焊的热源一般为直流电弧，工作电压为 10 ～ 95V，但电流可达 600A。对于 TIG 焊，最理想的是采用垂直陡降外特性的电源，可以消除由弧长变化引起的电流波动。

TIG 焊焊接铝、镁及其合金时一般采用交流电源。

TIG 焊的焊机的正确连接方式是：工件连接电源的正极，焊炬中的钨极作为负极。惰性气体一般为氩气。

按操作方式不同，钨极氩弧焊可分为手工焊、半自动焊、自动焊，如图 5-6 所示。

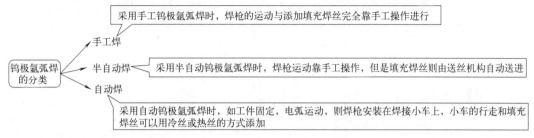

手工焊——采用手工钨极氩弧焊时，焊枪的运动与添加填充焊丝完全靠手工操作进行

钨极氩弧焊的分类——半自动焊——采用半自动钨极氩弧焊时，焊枪运动靠手工操作，但是填充焊丝则由送丝机构自动送进

自动焊——采用自动钨极氩弧焊时，如工件固定，电弧运动，则焊枪安装在焊接小车上，小车的行走和填充焊丝可以用冷丝或热丝的方式添加

图 5-6　钨极氩弧焊的分类

一点通

TIG 焊加填丝的方式，常用于压力容器的打底焊接，原因是 TIG 焊的气密性较好，能降低焊接压力容器时焊缝的气孔。

5.2　钨极氩弧焊焊接材料与其特点

5.2.1　选用的气体

TIG 焊一般采用氩气、氦气、氩氦混合气体或氩氢混合气体作为保护气体。TIG 焊选用的气体如图 5-7 所示。

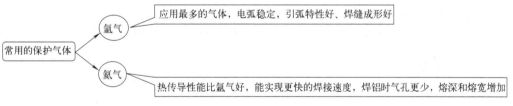

常用的保护气体——氩气——应用最多的气体，电弧稳定，引弧特性好，焊缝成形好

氦气——热传导性能比氩气好，能实现更快的焊接速度，焊铝时气孔更少，熔深和熔宽增加

图 5-7　TIG 焊选用的气体

5.2.2　TIG 焊电极材料

TIG 焊电极的作用是导通电流、引燃电弧并维持电弧稳定燃烧。

由于焊接过程中要求电极不熔化，因此电极必须具有高的熔点，钨的熔点在 3380℃以上，可满足要求。

电流容量：即一定直径的钨极允许通过的最大电流。钨极允许通过的电流是有限的，若电流过大则钨极熔化会形成熔球，使电弧漂移。

引弧及稳弧性能好，还要求电极具有较低的逸出功、较大的许用电流、较小的引燃电压。

TIG 焊电极材料钨的分类，如图 5-8 所示。

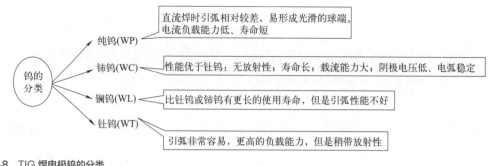

图 5-8   TIG 焊电极钨的分类

5.2.3   钨极载流量

钨极载流量的大小，主要受钨极直径的影响。根据电极直径推荐的电流范围见表 5-1。焊接电流不得超过钨极产品有关规定的载流量上限。

表 5-1   根据电极直径推荐的电流范围

电极直径 /mm	直流 /A				交流 /A	
	电极为负（-）		电极为正（+）			
	纯钨	加入氧化物的钨	纯钨	加入氧化物的钨	纯钨	加入氧化物的钨
0.5	2～20	2～20	—	—	2～15	2～15
1.0	10～75	10～75	—	—	15～55	15～70
1.6	40～130	60～150	10～20	10～20	45～90	60～125
2.0	75～180	100～200	15～25	15～25	65～125	85～160
2.5	130～230	170～250	17～30	17～30	80～140	120～210
3.2	160～310	225～330	20～35	20～35	150～190	150～250
4.0	275～450	350～480	35～50	35～50	180～260	240～350
5.0	400～625	500～675	50～70	50～70	240～350	330～460
6.0	550～675	650～950	65～100	65～100	300～450	430～575
8.0	—	—	—	—	—	650～830
10	—	—	—	—	—	—

5.2.4   钨极形状

钨极形状如图 5-9 所示。

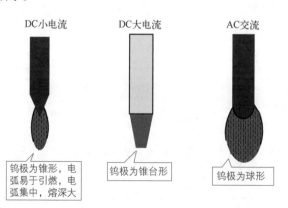

DC小电流　　　DC大电流　　　AC交流

钨极为锥形，电弧易于引燃，电弧集中，熔深大

钨极为锥台形

钨极为球形

图 5-9   钨极形状

5.2.5　TIG 焊填充金属

采用 TIG 焊焊接厚板时，需要开 V 形坡口，以及添加必要的填充金属。

TIG 焊填充金属，一般选用熔化极气体保护焊用焊丝或焊接用钢丝，如图 5-10 所示。

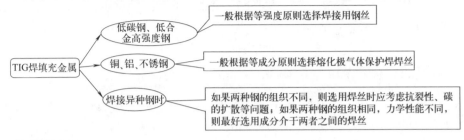

图 5-10　TIG 焊填充金属

　　填充金属的主要作用是填满坡口，以及调整焊缝成分，改善焊缝性能。

5.2.6　TIG 焊电流种类与极性

TIG 焊电流种类与极性见表 5-2。

表 5-2　TIG 焊电流种类与极性

接法	解　释
直流正接法	（1）直流正接，也就是工件接正极，钨棒接负极 （2）直流正接的特点如下 ①电流容量大。由于钨极的电子逸出功较小，电子热发射能力强，对电极有冷却作用，因此，较小直径的钨棒就可承载较大的电流 ②与直流反接相比，在同样的焊接电流下，直流正接可采用较小直径的钨棒，这样就使电流密度增大，从而提高了电弧稳定性 ③在工件上形成窄而深的熔池 ④无破碎工件氧化膜的作用
直流反极性接法	（1）直流反极性接法，也就是工件接负极，钨接正极性 （2）直流反极性接法的特点如下 ①电弧具有"阴极清理作用"，能够去除工件表面的氧化膜。该接法一般仅用于焊接铝、镁及其合金的薄板 ②钨极的载流能力较小，同样电流需使用较大直径的钨极。电弧不够稳定 ③电子从工件的熔池表面产生，经过电弧加速撞向电极，使钨极易因过热而烧损
交流 TIG 焊	（1）交流 TIG 焊的焊接电弧的极性发生周期性变化，因此，工艺上兼有直流正接与直流反接的特点 （2）交流 TIG 焊机，可以分为正弦波交流和方波交流两种

　　直流正接法广泛用于除铝、镁及其合金以外的其他金属的焊接。交流TIG 焊广泛用于铝、

镁及其合金的焊接，但是交流 TIG 焊存在电弧不稳及直流分量等问题，因此在焊接设备上应采取专门的措施予以解决。

5.2.7 TIG 焊机的分类

TIG 焊机的分类如图 5-11 所示。

5.2.8 钨极气体保护焊设备的组成

TIG 焊接系统一般由弧焊电源、控制箱、焊炬、水冷系统、供气系统等组成。自动 TIG 焊机，还配有行走小车、焊丝送进机构等。TIG 焊接电源如图 5-12 所示。

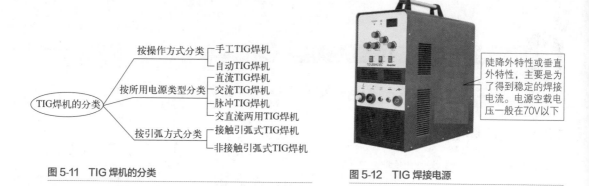

陡降外特性或垂直外特性，主要是为了得到稳定的焊接电流。电源空载电压一般在70V以下

图 5-11 TIG 焊机的分类

图 5-12 TIG 焊接电源

TIG 焊接系统的一些组成特点如下。

（1）控制箱

控制箱中主要安装焊接时序控制电路。控制箱控制提前送气、滞后停气、引弧、电流通断、电流衰减、冷却水流通断等。

对于自动焊机，控制箱还要控制小车行走机构行走、送丝机构送丝等。

（2）焊炬

TIG 焊炬又叫作 TIG 焊枪，它是 TIG 焊机的关键组成部件之一，如图 5-13 所示。

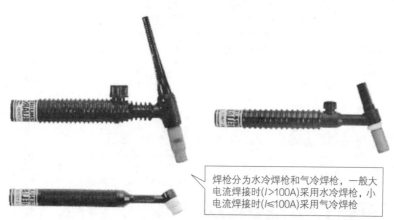

焊枪分为水冷焊枪和气冷焊枪，一般大电流焊接时(I>100A)采用水冷焊枪，小电流焊接时(I≤100A)采用气冷焊枪

图 5-13 TIG 焊枪

一点通

　　TIG 焊枪的主要作用是：①传导焊接电流；②向焊接区输出保护气体；③夹持钨极。

（3）喷嘴

　　焊枪的喷嘴有陶瓷喷嘴、纯铜喷嘴、石英材料制作的喷嘴等类型。陶瓷喷嘴焊接电流不能超过 350A。纯铜喷嘴焊接电流可达 500A。

　　喷嘴孔径与钨极尺寸间的相应数值关系见表 5-3。

表 5-3　喷嘴孔径与钨极尺寸间的相应数值关系

喷嘴孔径 /mm	钨极直径 /mm	喷嘴孔径 /mm	钨极直径 /mm
6.4	0.5	9.5	1.6 或 2.4
8.0	1.0	11.1	3.2

 一点通

　　TIG 焊机的气路系统由气瓶、软管、减压阀、流量计、气阀等组成。其中，系统中的气瓶用于盛放氩气或氦气等。减压阀可将瓶中的高压气体压力降低到焊接所需要的压力。流量计用于控制气体的流量。电磁气阀用于控制气流的关断。

5.2.9　引弧装置

　　TIG 焊的引弧方式有非接触引弧和接触引弧，如图 5-14 及图 5-15 所示。

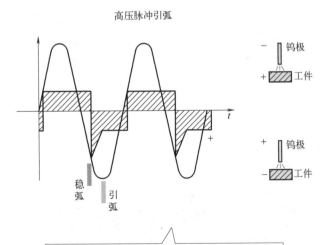

图 5-14　TIG 焊非接触引弧

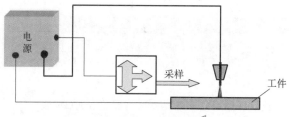

接触引弧仅适用于直流正接的直流氩弧焊机

电源　采样　工件

接触引弧是通过接触-回抽过程实现的
引弧时，首先使钨极与工件接触。此时，短路电流被控制在较低
的水平上(通常小于5A)，预热但不熔化钨极。钨极回抽后，在很短
的时间内(几微秒)将电流切换为所需的大电流，将电弧引燃

图 5-15　TIG 焊接触引弧

5.2.10　钨极惰性气体保护焊保护气体的选择

钨极惰性气体保护焊保护气体的选择见表 5-4。

表 5-4　钨极惰性气体保护焊保护气体的选择

材料	厚度 /mm	采用的保护气体	
		手工焊	自动焊
铝及其合金	≤ 3	Ar（交流电，高频）	Ar（交流电，高频），He
	> 3		Ar-He，He
碳钢	≤ 3	Ar	Ar
	> 3		Ar-He，He
不锈钢	≤ 3	Ar	Ar，Ar-H$_2$，Ar-He
	> 3	Ar，Ar-He	Ar-He
镍合金	≤ 3	Ar	Ar，He，Ar-He
	> 3	Ar-He	Ar，He
铜	≤ 3	Ar，Ar-He	Ar，Ar-He
	> 3	He，Ar	He，Ar
钛及其合金	≤ 3	Ar	Ar，Ar-He
	> 3	Ar，Ar-He	Ar，He

注：Ar-He 含有 75% He；Ar-H$_2$ 含有 15% H$_2$。

5.2.11　钨极惰性气体保护焊保护气体的保护特点

钨极惰性气体保护焊保护气体的保护特点见表 5-5。

表 5-5　钨极惰性气体保护焊保护气体的保护特点

金属	焊接类型	保护气体	特　点
铝和镁	手工焊	氩	引弧性、净化作用、焊缝质量都较好，气体耗量低
		氩 - 氦	可提高焊接速度
	自动焊	氩 - 氦	焊缝质量较好，流量比纯氩时的低
		氦（直流正接）	与氩 - 氦相比，熔深大，焊速高

续表

金属	焊接类型	保护气体	特　点
碳钢	点焊	氩	一般可延长电极寿命，焊点轮廓较好，引弧容易，比氦的流量低
	手工焊	氩	容易控制熔池，特别在全位置焊接时
	自动焊	氦	比氩的焊速高
不锈钢	手工焊	氩	焊薄件（≤2mm）时可控制熔深
	自动焊	氩	焊薄件时可很好地控制熔深
		氩-氦	热输入较高，对较厚件焊速可能高些
		氩-氢（H_2不多于35%）	防止咬边，在低电流下能焊出需要的成形焊缝，要求的流量低
		氩-氢-氦	高速焊管作业中的最佳选择
		氦	可提供最高的热输入与最深的熔深
铜镍与铜-镍合金	—	氩	容易控制薄件熔池、熔深与焊道成形
		氩-氦	高的热输入，以补偿大厚度的导热性
		氦	焊大厚度金属时热输入最大
钛	—	氩	低流量能降低素流与空气对焊缝的污染，改善热影响区性能
		氦	大厚度手工焊时熔深较大（背面需加保护气体，以保护背面焊缝不受污染）
硅青铜	—	氩	减少这种"热脆"金属的裂纹倾向
铝青铜	—	氩	母材的熔深较浅

5.2.12　氩气

氩气是不与任何金属起化学反应，也不溶解于熔池的一种气体。氩气属于单原子气体，电弧高温下不分解吸热。因此，氩气是一种理想的保护气体。

氩气比空气重，使用时不易飘浮失散，有利于起到保护作用。氩气属于稀有气体，制取成本高。因此，氩气较贵。

焊接用的氩气常以气态形式罐装在氩气瓶内。焊接用的氩气瓶一般呈灰色，瓶体标以深绿色"氩"字样，如图 5-16 所示。氩气瓶的工作压力一般为 14.7MPa，容积大约 40L。

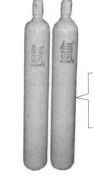

氩气瓶一般呈灰色，瓶体标以深绿色"氩"字样；氩气瓶工作压力一般为14.7MPa，容积大约40L；氩气瓶内的气体必须经减压器减压后方可使用

图 5-16　氩气瓶

　一点通

氩气瓶内的气体必须经减压器减压后方可使用。

5.2.13　氦气

氦气也是一种惰性气体。惰性气体既不与金属发生反应，也不溶解于液态金属中。

氦气的基本性质与氩气有共同之处，且具有更大的电弧热量。焊接所应用的氦气需要符合国家标准的要求，纯度≥99.99%。

焊接氦气常罐装在氦气瓶内，如图5-17所示。

5.2.14　混合气

在氩气中加入氢气（2%～5%）会稍微减少氩气的含量，并且在工件表面无氧化的情况下，辅助生成清洁的焊缝。

对于混合气，由于弧温更高，压缩更大，能保证更快的焊接速度。但是，也会导致碳钢与铝合金焊缝金属的密集气孔中出现氢致裂纹等现象。

氦气和氦/氩混合气体（即在氩气中加入氦气），能够提高弧温，带来更快的焊接速度、更深的焊缝熔深。但是，使用氦气或氦/氩混合气体成本高，起弧困难。

焊接混合气常罐装在混合气瓶内，如图5-18所示。

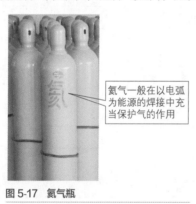

氦气一般在以电弧为能源的焊接中充当保护气的作用

图5-17　氦气瓶

混合气瓶

图5-18　混合气瓶

5.2.15　钨极的种类与应用

钨极的种类见表5-6。

表5-6　钨极的种类

名称	解释
纯钨极	纯钨极应用最早，适合交流焊接，其综合性能欠佳
锆钨极	（1）交流条件下，锆钨极焊接性能良好 （2）高负载电流时，电极端部能保持圆球状而减少渗钨现象
镧钨极	（1）镧钨极焊接性能优良，耐用电流高，烧损率低 （2）镧钨极导电性能接近钍钨导电性能的2% （3）镧钨极可以代替钍钨极使用，免受放射性危害
铈钨极	（1）铈钨极在低电流下有优良的起弧性能，维弧电流较小 （2）铈钨极常用于管道、不锈钢制品、细小精致部件等的焊接
钍钨极	钍钨极属于传统电极，综合性能较好，但是有放射性
钇钨极	（1）钇钨极焊接时弧束细长，压缩程度大，在中、大电流时其熔深很大 （2）钇钨极目前主要用于军事工业、航空航天工业

不同电极材料对焊机空载电压的要求见表 5-7。

表 5-7　不同电极材料对焊机空载电压的要求

电极名称	电极型号	所需焊机空载电压 /V		
		低碳钢	铜	不锈钢
纯钨极	—	95	95	95
钍钨极	WTH-15	40	35	40
钍钨极	WTH-10	70 ~ 75	40 ~ 65	55 ~ 70

不同金属焊接推荐钨极种类见表 5-8。

表 5-8　不同金属焊接推荐钨极种类

母材	厚度	电流极性	钨极类型
不锈钢	所有	直流正接	钍钨极、铈钨极
	薄	交流	纯钨极、锆钨极
钛	所有	直流正接	钍钨极、铈钨极
镍及其合金	所有	直流正接	钍钨极、铈钨极
碳钢和低碳钢	所有	直流正接	钍钨极、铈钨极
	薄	交流	纯钨极、锆钨极
铝及其合金	所有	交流	纯钨极、锆钨极
	薄	直流反接	钍钨极、锆钨极
	所有	直流正接	纯钨极、钍钨极
	薄	交流	纯钨极、锆钨极
镁合金	所有	交流	纯钨极、锆钨极
	薄	直流反接	锆钨极、钍钨极

5.2.16　钨极的端部形状

为了适应不同场合的焊接要求，钨极端部要磨成不同的形状。钨极端部常见的形状有半球状和尖锥状，如图 5-19 所示。

尖锥状钨极端部，适用于直流（正接），也可以适用于交流。锐角（一般大约为30°）尖锥状的端部，适用于小直径钨极、小电流焊接的场合。钝角（一般＞90°）尖锥状的端部，适用于大直径钨极、大电流焊接的场合

为防止尖锥状的电极尖端烧损，可把尖端磨成一个小平台

(a) 钨极的端部形状——（半）球状，适用于交流焊接　　　(b) 钨极的端部形状——尖锥状

图 5-19　钨极的端部形状

5.2.17　钨极直径

钨极直径根据焊接电流来选择，见表 5-9。

表 5-9 钨极直径根据焊接电流来选择

钨极直径 /mm	尖端直径 /mm	尖端角度 / (°)	电流（恒定电流）/A	电流（脉冲电流）/A
1.0	0.125	12	2～15	2～25
1.0	0.25	20	5～30	5～60
1.6	0.5	25	8～50	8～100
1.6	0.8	30	10～70	10～140
2.4	0.8	35	12～90	12～180
2.4	1.1	45	15～150	15～250
3.2	1.1	60	20～200	20～300
3.2	1.5	90	25～250	25～350

5.2.18 焊丝

钨极氩弧焊的焊丝起填充金属的作用，焊丝的化学成分一般需要与母材相同或相近。焊丝的分类如图 5-20 所示。

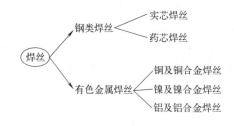

图 5-20 焊丝的分类

有专用的 TIG 焊打底用药芯焊丝，则打底时可以免去反面充氩保护。

5.2.19 氩弧焊焊丝直径

氩弧焊焊丝直径与焊接电流的关系见表 5-10。

表 5-10 氩弧焊焊丝直径与焊接电流的关系

焊接电流 /A	10～20	20～50	50～100	100～200	200～300
焊丝直径 /mm	1.0	1.6	1.0～2.4	1.6～3.0	2.4～4.5

5.2.20 氩弧焊焊接电流

氩弧焊焊接电流，综合考虑材质、板厚、焊接位置来选择，见表 5-11。

表 5-11　氩弧焊焊接电流

焊接电流 /A	喷嘴孔径（直流正极性）/mm	流量（直流正极性）/（L/min）	喷嘴孔径（交流）/mm	流量（交流）/（L/min）
10 ～ 100	4 ～ 9.5	4 ～ 5	8 ～ 9.5	6 ～ 8
101 ～ 150	4 ～ 9.5	4 ～ 7	9.5 ～ 11	7 ～ 10
151 ～ 200	6 ～ 13	6 ～ 8	11 ～ 13	7 ～ 10
201 ～ 300	8 ～ 13	8 ～ 9	13 ～ 16	8 ～ 15
301 ～ 500	13 ～ 16	9 ～ 12	16 ～ 19	8 ～ 15

5.3　钨极氩弧焊工艺

5.3.1　钨极氩弧焊工艺接头形式与坡口形式

钨极氩弧焊可用于各种接头形式的焊接。常用的接头形式有对接、搭接、角接、T 形接头、卷边接头等。

大多数金属的典型接头尺寸如图 5-21 所示。

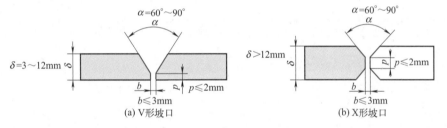

图 5-21　大多数金属的典型接头尺寸

黑色金属的典型接头尺寸如图 5-22 所示。

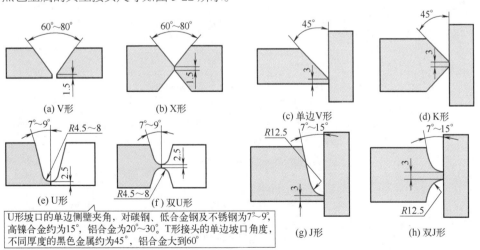

图 5-22　黑色金属的典型接头尺寸

铜及铜合金钢的焊接坡口形式和尺寸宜符合的要求见表 5-12。

表 5-12　铜及铜合金钢的焊接坡口形式和尺寸宜符合的要求

厚度 T /mm	坡口名称	坡口形式	坡口尺寸		
			间隙 c/mm	钝边 p/mm	坡口角度 α/(°)
≤ 2	I 形坡口		0	—	—
3 ~ 4	V 形坡口		0	—	60 ~ 70
5 ~ 8	V 形坡口		0	1 ~ 2	60 ~ 70
10 ~ 14	X 形坡口		0	—	60 ~ 70

一点通

钨极惰性气体保护焊坡口设计的一般原则：

① 厚度不大于 3mm 的碳钢、低合金钢、不锈钢、铝的对接接头及厚度不大于 2.5mm 的高镍合金一般不开坡口。

② 厚度为 3 ~ 12mm 的碳钢、低合金钢、不锈钢、铝材料，可以开 U、V 或 J 形坡口。

③ 厚度大于 12mm 的碳钢、低合金钢、不锈钢、铝材料，可以采用双面 U 或 X 形坡口。

④ V 形接头的坡口角度，碳钢、低合金钢与不锈钢大约为 60°。

5.3.2　坡口的加工与清理

坡口的加工与清理如图 5-23 所示。

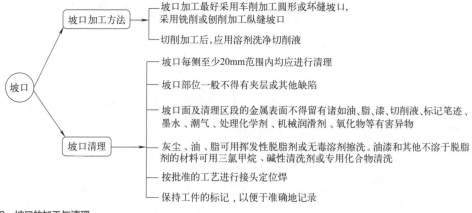

图 5-23　坡口的加工与清理

5.3.3　工艺焊前准备

钨极气体保护焊工艺焊前准备见表 5-13。

表 5-13　钨极气体保护焊工艺焊前准备

项目	解　释
接头、坡口形式	（1）TIG 焊常用的接头形式：对接、搭接、角接、卷边对接等 （2）板厚小于 3mm 时，可开 I 形坡口；板厚为 3～12mm 时，可开 V 或 Y 形坡口
焊前清理	（1）为了保证焊接质量，需要去除焊接接头附近的氧化膜、油脂、水分 （2）清理方法：机械清理、化学清理、化学机械清理等方法 （3）清除填充焊丝、工件坡口、坡口两侧表面至少 20mm 范围内的油污、水分等

5.3.4　工艺参数的选择原则

钨极氩弧焊的焊接参数主要有钨极直径、焊接电流、电弧电压、焊接速度、喷嘴直径、氩气流量、焊接层数、焊丝直径、钨极伸出长度、喷嘴到工件表面的距离等。工艺参数的选择原则见表 5-14。

表 5-14　工艺参数的选择原则

项目	解　释
电流的种类与极性	不同的电流种类及极性具有不同的工艺特点，适用于不同材料的焊接
电流大小	（1）焊接电流的大小决定熔深 （2）选定了电流的种类、极性后，要根据板厚来选择电流的大小，以及适当考虑接头的形式、焊接位置等的影响
焊接电压	氩弧焊接电压通常 < 20V
气体流量	（1）为了获得最佳的保护效果，气体流量与喷嘴孔径的关系有一定的规律 （2）交流焊接比直流焊接所需的流量大
焊接速度	（1）焊接速度影响焊接线能量，也就是影响熔深、熔宽 （2）通常根据板厚来选择焊接速度 （3）为了保证获得良好的成形焊缝，焊接速度应与焊接电流、预热温度、保护气流量适当匹配 （4）焊接速度太快，易出现未焊透、咬边等缺陷 （5）焊接速度太慢，会出现焊缝太宽、烧穿等缺陷
钨极的直径与端部形状	（1）钨极的直径、形状是重要的 TIG 焊接参数之一 （2）常根据电流的种类、极性、大小来选择钨极的直径
喷嘴孔径与氩气流量	（1）喷嘴孔径越大，保护区越大。但是太大时，熔池、电弧的可观察性变差 （2）对于一定的喷嘴孔径，保护气流量有一个合适的范围。流量太小时，气体挺度差，保护效果不好。流量太大时，气流层中出现紊流，空气易卷入，保护效果不好 （3）喷嘴孔径、氩气流量通常根据电流的种类、极性、大小来选择
钨极伸出长度	（1）常将露在喷嘴外面的钨极长度叫作钨极的伸出长度 （2）钨极伸出长度过大时，钨极易过热，且保护效果差 （3）钨极伸出长度太小时，喷嘴易过热 （4）钨极伸出长度需要保持一个适当的值。对接焊时，钨极的伸出长度一般保持为 5～6mm

续表

项目	解 释
喷嘴离工件的距离	（1）喷嘴离工件的距离要与钨极伸出长度相匹配，一般应控制在 8～14mm （2）喷嘴离工件的距离过小时，会影响工人的视线，并且易导致钨极与熔池的接触，使焊缝夹钨并降低钨极寿命 （3）喷嘴离工件的距离过大时，保护效果差，电弧不稳定 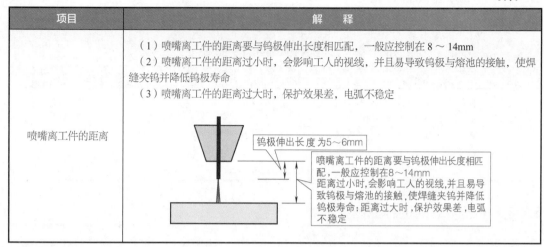

　　钨极直径的选择原则，是在保证钨极许用电流大于所用焊接电流的前提下，尽量选用直径较小的钨极。钨极的许用电流取决于钨极直径、电流的种类、极性。钨极直径越大，其许用电流越大。直流反接时，载流能力最小。直流正接时，钨极载流能力最大。交流时载流能力居于直流正接与反接间。交流焊时，电流的波形对载流能力也具有重要的影响。另外，电极的端部形状对焊接过程稳定性、焊缝成形具有重要影响，常应根据电流的种类、极性、大小来选择。

5.3.5　焊接工艺措施选材

　　对结构钢，根据等强原则选择焊接材料。
　　① TIG 焊使用钢焊丝时应尽量选专用焊丝，以减少主要化学成分的变化。
　　② 焊丝的化学成分应与母材的性能相匹配，严格控制其化学成分、纯度、质量。焊丝的主要化学成分应比母材稍高，以弥补高温的烧损。
　　③ TIG 焊使用有色金属焊丝焊接铜、铝、镁、钛及其合金时，需要注意成分相符。有时可以将与母材成分相同的薄板剪成小条当焊丝。
　　④ 对不锈钢、铝及铝合金等则主要考虑化学成分。打底时，必须进行反面保护，即常用通氩保护。对不锈钢也可用药芯焊丝打底。

　　如果焊机无高频引弧装置，则不能直接在工件上引弧，应在垫板上引弧。

5.3.6　钨极惰性气体保护焊不锈钢焊接工艺参数

　　钨极惰性气体保护焊不锈钢焊接工艺参数（推荐）见表 5-15。

表 5-15　钨极惰性气体保护焊不锈钢焊接工艺参数（推荐）

材料厚度 /mm	1.6 ～ 3.0	>3.0 ～ 6.0	>6.0 ～ 1.2
接头设计	直边对接	V 形坡口	X 形坡口
电流 /A	50 ～ 90	70 ～ 120	100 ～ 150
极性	直流正极性		
电弧电压 /V	12		
焊接速度	按技术要求		
电极种类	钍钨极		
电极尺寸 /mm	2.5		
填充金属种类	18-8 型		
填充金属尺寸 /mm	1.6 ～ 2.5	2.5 ～ 3.2	
保护气体	氩		
保护气体流量 /(L/min)	8 ～ 12		10 ～ 14
背面保护气体流量 /（L/min）	2 ～ 4		
喷嘴尺寸 /mm	8 ～ 10		10 ～ 12
喷嘴至工件距离 /mm	≤ 12		
预热温度（最低）/℃	15		
层间温度 /℃	250		
焊后热处理	无		
焊接位置	平横立仰		

5.3.7　钨极惰性气体保护焊碳钢焊接工艺参数

钨极惰性气体保护焊碳钢焊接工艺参数（推荐）见表 5-16。

表 5-16　钨极惰性气体保护焊碳钢焊接工艺参数（推荐）

材料厚度 /mm	1.5 ～ 3.0	>3.0 ～ 6.0	>6.0 ～ 1.2
接头设计	直边对接	V 形坡口	X 形坡口
电流 /A	50 ～ 100	70 ～ 120	90 ～ 150
极性	直流正极性		
电弧电压 /V	12		
焊接速度	按技术要求		
电极种类	钍钨极		
电极尺寸 /mm	2.4		3.2
填充金属种类	按技术要求		
填充金属尺寸 /mm	1.6 ～ 2.5	2.5 ～ 3.2	
保护气体	氩		
保护气体流量 /(L/min)	8 ～ 12		10 ～ 14
背面保护气体流量 /（L/min）	2 ～ 4		
喷嘴尺寸 /mm	8 ～ 10		10 ～ 12
喷嘴至工件距离 /mm	≤ 12		
预热温度（最低）/℃	15		
层间温度（最高）/℃	250		
焊后热处理	无		
焊接位置	平横立仰		

5.3.8　氩弧焊保护效果

进行氩弧焊时必须可靠保证焊接区不受空气污染，保护气保护效果可以根据焊接区表面颜色、焊接结束时钨极的颜色大致判断。

焊接不锈钢与铝及铝合金时可通过焊缝表面颜色区别保护效果，如表 5-17 和表 5-18 所示。

表 5-17　不锈钢可通过焊缝表面颜色区别保护效果

焊缝颜色	银白、金黄	蓝色	红灰	灰色	黑色
保护效果	最好	良好	较好	不良	最坏

表 5-18　铝及铝合金可通过焊缝表面颜色区别保护效果

焊缝颜色	银白有光亮	白色无光亮	灰白	灰黑
保护效果	最好	较好	不好	最坏

影响氩气保护效果的因素有氩气流量、喷嘴直径、弧长、焊接速度、喷嘴到工件表面的距离、钨极伸出长度、焊接接头形式等。

为了保证保护效果和便于操作，通常喷嘴到工件间的距离为 5 ～ 15mm。对接焊缝钨极伸出长度为 3 ～ 6mm。角接接头、T 形接头角焊缝焊接时为 7 ～ 8mm。如果焊后钨极发蓝，则说明保护效果变差。焊接过程中如果钨极没有变形，焊后钨极端部为银白色，则说明保护效果良好。

5.3.9　钨极氩弧焊安全操作技术

钨极氩弧焊安全操作技术见表 5-19。

表 5-19　钨极氩弧焊安全操作技术

项目	解　释
氩弧焊的有害因素	氩弧焊的有害因素如下 （1）放射性。放射微粒进入人体成为内放射源，会严重影响身体健康 （2）高频电磁场。时间很短，对人体影响不大 （3）有害气体。臭氧、氮氧化合物等 （4）紫外线辐射。强度远大于一般焊条电弧焊，在焊接过程中会产生大量的臭氧、氧化物
安全防护措施	安全防护措施如下 （1）采用通风措施 （2）尽可能采用铈钨极 （3）采用屏蔽高频电磁场 （4）采用其他个人防护措施

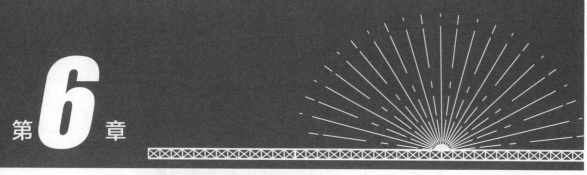

第**6**章

等离子弧焊

6.1 等离子弧焊基础

6.1.1 等离子弧焊的特点

物质整体的表现性质，根据存在的形态有固态、液态、气态，称为物质的三态，完全电离或部分电离的气体，为等离子体，称为物质第四态。

等离子弧焊是利用等离子弧作为热源的一种焊接方法。

等离子弧焊主要用于不锈钢、耐热钢、钛合金、钨、钼等难熔与特种金属材料的焊接。等离子弧焊也可以用于切割。

等离子弧焊会产生较大量臭氧、氮氧化合物等有毒气体与金属粉尘。同时，还会产生大量的粉尘、钍的气溶胶、一氧化碳等有害物质。

焊接／切割过程中，由于工作气体和保护性气体以一定的流速流动，经压缩的等离子焰流从喷枪口高速喷射出来，产生频率在 1000Hz 以上的 90 ～ 123dB（A）较强噪声。

等离子弧焊施焊中，尚存在一定强度的高频电磁场。

一点通

等离子弧焊高温电弧辐射远大于氩弧焊。等离子弧焊切割弧光及紫外线远大于焊接。

6.1.2 等离子弧的形成

等离子弧由钨极氩气体保护电弧发展而来，如图 6-1 所示。等离子弧是一种被压缩的钨极氩弧。等离子弧是通过三种压缩作用获得的，如图 6-2 所示。

普通钨极氩弧中，加热焊件的热量最主要来源于阳极斑点的产热，弧柱辐射和热传导仅起辅助作用，电弧的总电压降在阳极区、弧柱区和阴极区大致平均分配。

等离子弧中，最大电压降是弧柱区，弧柱高速等离子体通过接触传导和辐射带给工件的热量明显增加，弧柱成为加工工件的主要热源，而阳极产热降为次要地位。

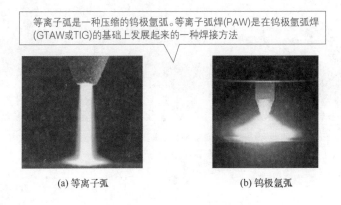

(a) 等离子弧   (b) 钨极氩弧

等离子弧是一种压缩的钨极氩弧。等离子弧焊(PAW)是在钨极氩弧焊(GTAW或TIG)的基础上发展起来的一种焊接方法

图 6-1 等离子弧与钨极氩弧

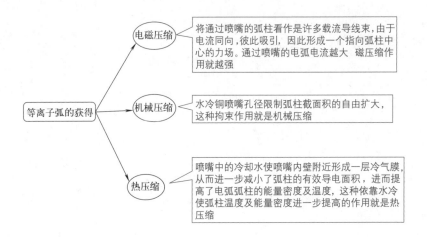

等离子弧的获得

电磁压缩 —— 将通过喷嘴的弧柱看作是许多载流导线束，由于电流同向，彼此吸引，因此形成一个指向弧柱中心的力场。通过喷嘴的电弧电流越大 磁压缩作用就越强

机械压缩 —— 水冷铜喷嘴孔径限制弧柱截面积的自由扩大，这种拘束作用就是机械压缩

热压缩 —— 喷嘴中的冷却水使喷嘴内壁附近形成一层冷气膜，从而进一步减小了弧柱的有效导电面积，进而提高了电弧弧柱的能量密度及温度，这种依靠水冷使弧柱温度及能量密度进一步提高的作用就是热压缩

图 6-2 等离子弧的获得

一点通

等离子弧焊的缺点如下。

① 等离子弧焊焊接参数较多，对焊接操作人员的技术水平要求较高。

② 等离子弧焊焊枪、控制线路较复杂，喷嘴的使用寿命很低。

③ 等离子弧焊可焊厚度有限，一般在 25mm 以下。

6.1.3 等离子弧焊接设备

等离子弧焊接是指使用惰性气体作为工作气和保护气，利用等离子弧作为热源来加热并熔化母材金属，使之形成焊接接头的一种熔焊方法。

等离子弧焊接设备，包括焊接电源（垂降外特性）、焊炬、控制电路、供气回路（气体瓶）、供水回路（冷却循环系统）等，如图 6-3 所示。等离子焊枪如图 6-4 所示。

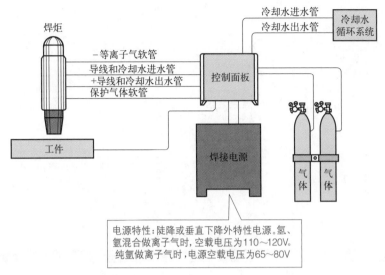

图 6-3 等离子弧焊接设备

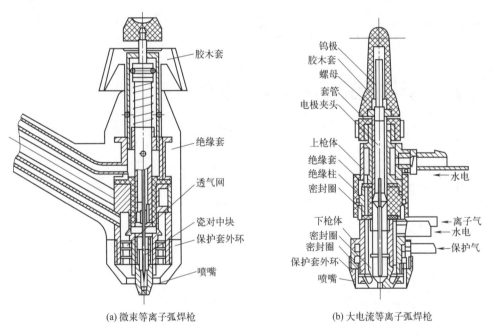

(a) 微束等离子弧焊枪　　　　　(b) 大电流等离子弧焊枪

图 6-4 等离子焊枪

6.1.4 喷嘴

喷嘴的结构对等离子弧性能具有决定性影响，如图 6-5 所示。喷嘴孔径决定等离子弧的直径与能量密度，根据焊接电流、离子气的种类和数值来设计。喷嘴孔径越大，对电弧的压缩作用越小，超过一定值后，则不起压缩作用。喷嘴孔径过小，等离子弧稳定性变差，易发生双弧，使喷嘴寿命降低。喷嘴孔径确定后，喷嘴孔道长度越长，对等离子弧的压缩作用越大，但超过一定值后会使等离子弧的稳定性变差。通常以孔道比 l/d（l 为喷嘴孔径，d 为喷嘴孔道长度）来表征等离子弧的类型。

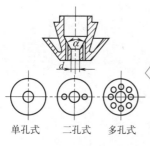

	喷嘴孔径与许用电流				
喷嘴孔径/mm	许用电流/A		喷嘴孔径/mm	许用电流/A	
	焊接	切割		焊接	切割
0.6	≤5	—	2.8	约180	约240
0.8	1～25	约14	3.0	约210	约280
1.2	20～60	约80	3.5	约300	约380
1.4	30～70	约100	4.0	—	>400
2.0	40～100	约140	4.5～5.0	—	>450
2.5	约140	约180	—	—	—

圆柱型压缩孔喷嘴结构(堆焊)

图 6-5   喷嘴结构对等离子弧性能的影响

喷嘴的主要结构参数见表 6-1。

表 6-1   喷嘴的主要结构参数

喷嘴用途	孔径 d/mm	孔道比 (l/d)	锥角 α / (°)	备注
焊接	1.6 ～ 3.5	1.0 ～ 1.2	60 ～ 90	转移型弧
	0.6 ～ 1.2	2.0 ～ 6.0	25 ～ 45	联合型弧
切割	2.5 ～ 5.0	1.5 ～ 1.8		转移型弧
	0.8 ～ 2.0	2.0 ～ 2.5		转移型弧
堆焊		0.6 ～ 0.98	60 ～ 75	转移型弧
喷涂		5 ～ 6	30 ～ 60	非转移型弧

 一点通

压缩角对等离子弧压缩效果的影响不大，主要根据电极端部形状来确定，保证等离子弧在电极顶部引燃后通过喷嘴孔道。

6.1.5　等离子弧的分类

根据电源供电方式不同，等离子弧分为非转移型电弧、转移型电弧、联合型电弧，如图 6-6 所示。

非转移型电弧燃烧在钨极与喷嘴之间，工件不接电。非转移型电弧适用于喷涂、薄板焊割

转移型电弧直接燃烧在钨极与工件之间。焊接时，首先引燃钨极与喷嘴间的非转移弧，再将电弧转移到钨极与工件之间。工作状态下，喷嘴不接到焊接回路中

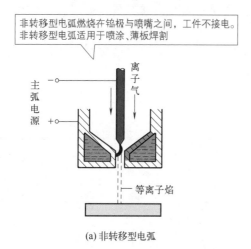

转移型电弧用于大电流焊接、切割

(a) 非转移型电弧　　　　　　　　　　(b) 转移型电弧

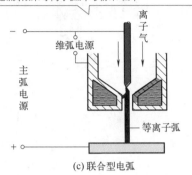

转移型电弧及非转移型电弧同时存在的电弧，称为联合型电弧。联合型电弧在很小的电流下能保持稳定。联合型电弧适合于小电流、微束等离子弧焊与粉末堆焊

图 6-6　等离子弧的分类

非转移型电弧主要在等离子弧喷涂、焊接和切割较薄的金属及非金属时采用。

转移型电弧常用于金属材料的等离子弧切割、等离子弧焊接、等离子弧堆焊和喷涂等工艺方法中。

联合型（混合型）电弧主要用于小电流（微束）等离子弧焊接和粉末堆焊等工艺方法中。

6.1.6　等离子弧堆焊原理

等离子弧堆焊原理如图 6-7 所示。

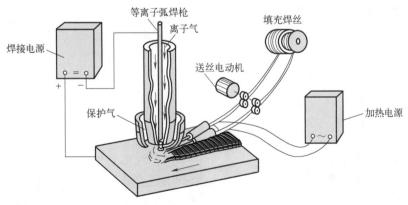

图 6-7　等离子弧堆焊原理

6.1.7　等离子弧粉末堆焊原理

等离子弧粉末堆焊原理如图 6-8 所示。

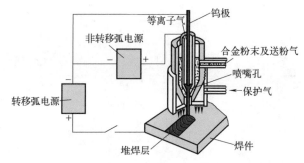

图 6-8 等离子弧粉末堆焊原理

6.1.8 等离子弧喷涂原理

等离子弧喷涂原理如图 6-9 所示。

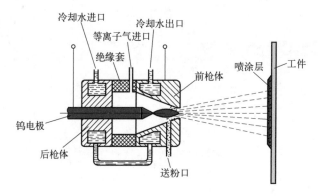

图 6-9 等离子弧喷涂原理

6.1.9 等离子弧切割设备

等离子弧切割设备如图 6-10 所示。

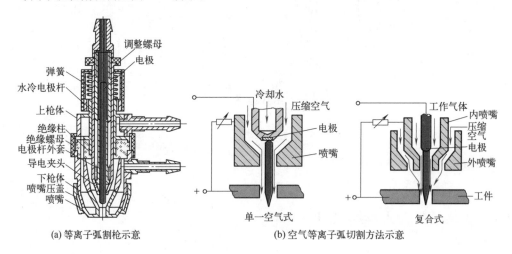

(a) 等离子弧割枪示意　　(b) 空气等离子弧切割方法示意

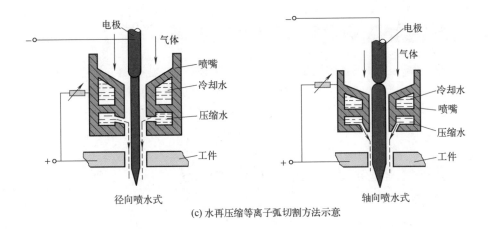

（c）水再压缩等离子弧切割方法示意

图 6-10　等离子弧切割设备

6.1.10　等离子弧焊

　　根据焊透母材的方式，等离子弧焊分为穿孔型等离子弧焊（小孔型等离子弧焊）和熔透型等离子弧焊。

　　穿孔型等离子弧焊，可实现一定厚度范围内的金属单面焊双面成形，如图 6-11 所示。

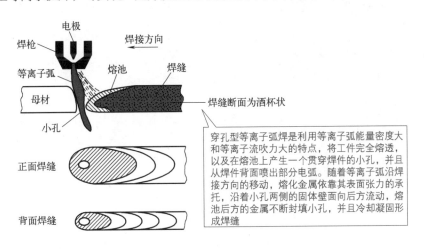

穿孔型等离子弧焊是利用等离子弧能量密度大和等离子流吹力大的特点，将工件完全熔透，以及在熔池上产生一个贯穿焊件的小孔，并且从焊件背面喷出部分电弧。随着等离子弧沿焊接方向的移动，熔化金属依靠其表面张力的承托，沿着小孔两侧的固体壁面向后方流动，熔池后方的金属不断封填小孔，并且冷却凝固形成焊缝

图 6-11　穿孔型等离子弧焊

　　等离子弧焊（小孔技术）一次焊透的厚度，见表 6-2。

表 6-2　等离子弧焊（小孔技术）一次焊透的厚度

材　料	不锈钢	钛及其合金	镍及其合金	低合金钢	低碳钢	铜及其合金
焊接厚度范围 /mm	3 ～ 8	≤ 12	≤ 6	2 ～ 8	2 ～ 8	约 2.5

如果焊件太薄，由于小孔不能被液体金属完全封闭，故不能实现小孔焊接法。

如果焊件太厚，受到等离子弧能量密度的限制，形成小孔困难。会因熔化金属多，液体金属的重量大于表面张力的承托能力而流失，不能保持熔池金属平衡，严重时将会形成小孔空腔而造成切割现象。

6.1.11 普通熔透型等离子弧焊（熔入型焊接法）

普通熔透型等离子弧焊（熔入型焊接法）工艺特点：弧柱压缩程度较弱，等离子气流喷出速度较低，如图6-12所示。

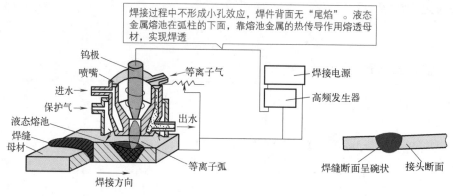

图6-12 普通熔透型等离子弧焊（熔入型焊接法）

6.1.12 微束等离子弧焊

利用微束等离子弧焊，可得到针状的、细小的等离子弧，适宜焊接非常薄的焊件，最小可焊厚度为0.01mm。

微束等离子弧焊，弧长在很大的范围内变化时也不会断弧，并且电弧保持柱状，如图6-13所示。

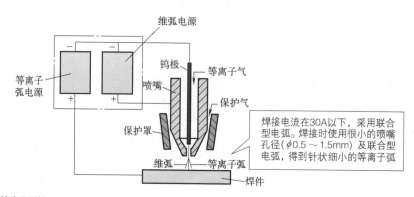

图6-13 微束等离子弧焊

一点通

　　维弧：钨极与喷嘴间形成的非转移型电弧，其供电电源为维弧电源。维弧电流一般为2 ～ 5A，维弧电源的空载电压一般大于 90V，以便引弧。

　　主弧：钨极与焊件间形成的转移型电弧。

6.1.13　三种等离子弧焊的基本特点与应用

　　三种等离子弧焊的基本特点与应用见表 6-3。

表 6-3　三种等离子弧焊的基本特点与应用

类别	电流范围 /A	可焊厚度范围 /mm	等离子弧类型	焊缝成形方法	应用场合
大电流等离子弧焊	100 ～ 500	3 ～ 8	转移型	小孔法焊接技术	厚度＜ 8mm 的结构
小电流（微束）等离子弧焊	0.1 ～ 15	0.025 ～ 0.5	联合型	熔透法	超薄金属零件精密焊接
中电流等离子弧焊	15 ～ 100	0.5 ～ 3	联合型	熔透法	薄板结构

一点通

　　非转移型等离子弧可喷涂金属涂层，也可喷涂非金属涂层（如碳化物、氧化物、硼化物等）。

6.2　工艺、缺陷及预防

6.2.1　等离子弧焊工艺参数

　　等离子弧焊工艺参数见表 6-4。

表 6-4　等离子弧焊工艺参数

| 焊件材料 | 板厚 /mm | 焊速 /(mm/min) | 电流 /A | 电压 /V | 气体流量 /(L/h) | | | 坡口形式 | 工艺特点 |
					种类	离子气	保护气		
钛合金	3.175	608	185	21	Al	224	1680	I	穿孔
	4.218	329	175	25	Ar	504	1680	I	
	10.0	254	225	38	He75%+Ar	896	1680	I	
	12.7	254	270	36	He50%+Ar	756	1680	I	
	14.2	178	250	30	He50%+Ar	810	1680	V	

续表

焊件材料	板厚/mm	焊速/（mm/min）	电流/A	电压/V	气体流量/(L/h)			坡口形式	工艺特点
					种类	离子气	保护气		
纯铜	2.46	254	180	28	Ar	280	1680	I	穿孔、熔入
	3.175	254	300	38	He	224	1680	I	
	6.35	508	670	48	He	140	1680	I	
黄铜	2.0	508	140	25	Ar	224	1680	I	穿孔
	3.175	358	200	27	Ar	280	1680	I	
镍	3.175		200	30	Ar+H$_2$5%	280	1200	I	
	6.35		250	30	Ar+H$_2$5%	280	1200	I	
低碳钢	3.175	304	185	28	Ar	364	1680	I	穿孔
低合金钢	4.168	254	200	29	Ar	336	1680	I	
	6.35	354	275	33	Ar	420	1680	I	
不锈钢	2.46	608	115	30	Ar+H$_2$5%	168	980	I	穿孔
	3.175	712	145	32	Ar+H$_2$5%	280	980	I	
	4.218	358	165	36	Ar+H$_2$5%	364	1260	I	
	6.35	354	240	38	Ar+H$_2$5%	504	1400	I	
	12.7	270	320	26	Ar			I	

注：表中"%"均指体积分数。

6.2.2 等离子弧焊的常见缺陷与预防

等离子弧焊的常见缺陷与预防见表6-5。

表6-5 等离子弧焊的常见缺陷与预防

缺陷	原因	预防措施
单侧咬边	（1）两个辅助孔偏斜 （2）接头错边量太大 （3）磁偏吹 （4）焊炬偏向焊缝一侧 （5）电极与喷嘴不同心	（1）调整辅助孔位置 （2）增加填充丝 （3）改变地线位置 （4）改正焊炬对中位置 （5）通过调整同心度来解决
两侧咬边	（1）焊接速度太快 （2）焊接电流太小	（1）通过降低焊接速度来解决 （2）加大焊接电流
气孔	（1）焊丝不干净 （2）焊接电流太小 （3）填充丝送进太快 （4）焊接速度太快 （5）焊前清理不当	（1）清洗焊丝 （2）通过加大焊接电流来解决 （3）通过降低送丝速度来解决 （4）通过降低焊接速度来解决 （5）除净焊接区的油锈及污物
热裂纹	（1）工件刚度太大 （2）焊材或母材含硫量太高 （3）焊缝熔深、熔宽较大、熔池太长	（1）需要预热、缓冷 （2）选用含硫低的焊丝 （3）通过调整焊接工艺参数来解决

 一点通

等离子切割与氩弧焊作业宜采用铈-钨电极棒。使用钍-钨电极棒时，电极棒应放在密闭的铅盒内。操作时，应穿戴专用防护用品，必要时启动排风罩。等离子切割时需要保持空气流通，操作人员应站在绝缘板上进行作业。工作间歇与作业结束，作业人员及时换衣、洗手和漱口。

第**7**章

埋弧焊

7.1 埋弧焊基础知识

7.1.1 埋弧焊的特点

埋弧焊是指电弧在焊剂层下燃烧，焊丝自动送进的一种电弧焊方法。由于电弧掩埋在焊剂下燃烧，弧光不外露，为此称为埋弧焊。

埋弧自动焊接时，引燃电弧、送丝、电弧沿焊接方向移动、焊接收尾等过程完全由机械来完成。

埋弧焊一般为自动焊接方法。因此，该方法又称为焊剂层下自动电弧焊、埋弧自动焊。

埋弧焊的基本形式有两种：自动埋弧焊、半自动埋弧焊，如图 7-1 所示。

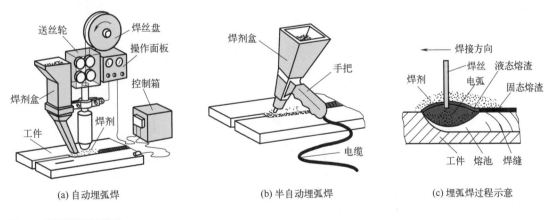

(a) 自动埋弧焊　　　　　　(b) 半自动埋弧焊　　　　　　(c) 埋弧焊过程示意

图 7-1 埋弧焊的基本形式

一点通

根据送丝方式，埋弧焊分为等速埋弧焊（细丝焊大电流）、变速埋弧焊（粗丝焊小电流）。

根据焊丝数和形状，埋弧焊分为单丝埋弧焊、双丝埋弧焊、多丝埋弧焊、带极埋弧焊等。根据成形条件，埋弧焊分为双面埋弧焊、单面埋弧焊、双面成形埋弧焊。

7.1.2　埋弧焊机的分类

常用的埋弧焊机有等速送丝式和变速送丝式两种类型。按照不同的工作需要，埋弧焊机可做成不同的形式。常见的有焊车式、悬挂式、车床式、门架式、悬臂式等，如图 7-2 所示。

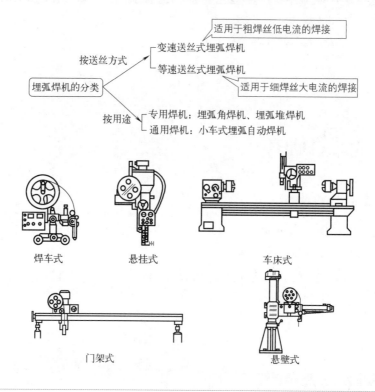

图 7-2　埋弧焊机

用交流电源时 MZ-1000 型埋弧焊机的外部接线，如图 7-3 所示。

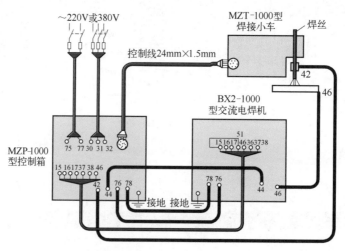

图 7-3　用交流电源时 MZ-1000 型埋弧焊机的外部接线

一点通

　　埋弧焊机主要由送丝机构、行走机构、机头调整机构、焊接电源、控制系统等部分组成。埋弧焊机还有导电嘴、送丝滚轮、焊丝盘、焊剂漏斗、焊剂回收器、电缆滑动支撑架、导向滚轮等易损件与辅助装置。

7.1.3　埋弧焊机的基本参数

　　埋弧焊机的基本参数如图 7-4 所示。

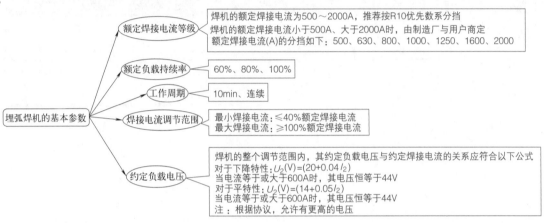

图 7-4　埋弧焊机的基本参数

7.1.4　焊剂的特点、分类与作用

　　焊剂是指焊接时能够熔化形成熔渣与气体，隔离空气，对熔化金属起保护、冶金处理作用，以及能保证电弧稳定燃烧的稳弧性的一种物质。

　　埋弧焊的焊剂呈颗粒状，作用与焊条药皮相似。埋弧焊的焊剂具有焊接时无有害气体析出等特点。

　　焊剂的分类如图 7-5 所示。

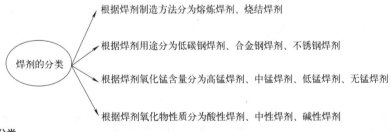

图 7-5　焊剂的分类

7.1.5　焊剂的型号

　　焊剂的型号如图 7-6 所示。焊丝 - 焊剂组合的熔敷金属力学性能见表 7-1。

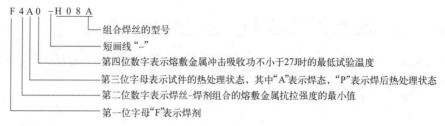

图 7-6　焊剂的型号

表 7-1　焊丝 - 焊剂组合的熔敷金属力学性能

焊剂型号	抗拉强度 /MPa	屈服点 /MPa	伸长率 /%
F4××-H×××	415 ～ 550	≥ 330	≥ 22
F5××-H×××	480 ～ 650	≥ 400	≥ 22

7.1.6　焊剂牌号

焊剂牌号用汉语拼音和一组数字表示，如图 7-7 所示。

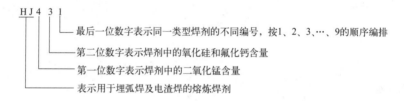

图 7-7　焊剂牌号

烧结焊剂牌号，用汉语拼音"SJ"表示用于埋弧焊的烧结焊剂；其后第一位数字表示焊剂的渣系，第二、第三位数字表示同一渣系焊剂的不同编号，根据 01、02、…、09 的顺序编排，如图 7-8 所示。

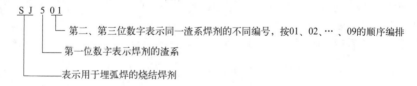

图 7-8　烧结焊剂牌号

熔炼焊剂类型（一）见表 7-2。熔炼焊剂类型（二）见表 7-3。

表 7-2　熔炼焊剂类型（一）

牌 号	焊剂类型	氧化锰的质量分数
HJ1××	无锰	＜ 2%
HJ2××	低锰	2% ～ 15%
HJ3××	中锰	15% ～ 30%
HJ4××	高锰	＞ 30%

表 7-3　熔炼焊剂类型（二）

牌　号	焊剂类型	二氧化硅及氟化钙的质量分数
HJ × 1 ×	低硅低氟	$SiO_2 < 2\%$、$CaF_2 < 10\%$
HJ × 2 ×	中硅低氟	$SiO_2\ 10\% \sim 30\%$、$CaF_2 < 10\%$
HJ × 3 ×	高硅低氟	$SiO_2 > 30\%$、$CaF_2 < 10\%$
HJ × 4 ×	低硅中氟	$SiO_2 < 10\%$、$CaF_2\ 10\% \sim 30\%$
HJ × 5 ×	中硅中氟	$SiO_2\ 10\% \sim 30\%$、$CaF_2\ 10\% \sim 30\%$
HJ × 6 ×	高硅中氟	$SiO_2 > 30\%$、$CaF_2\ 10\% \sim 30\%$
HJ × 7 ×	低硅高氟	$SiO_2 < 10\%$、$CaF_2 > 30\%$
HJ × 8 ×	中硅高氟	$SiO_2\ 10\% \sim 30\%$、$CaF_2 > 30\%$
HJ × 9 ×	其他	—

烧结焊剂渣系类型见表 7-4。

表 7-4　烧结焊剂渣系类型

牌　号	渣系类型	主　要　组　分
SJ1 × ×	氟碱型	$CaF_2 \geqslant 15\%$，$CaO+MgO+MnO+CaF_2 > 50\%$，$SiO_2 \leqslant 20\%$
SJ2 × ×	高铝型	$Al_2O_3 \geqslant 20\%$，$Al_2O_3+CaO+MgO > 45\%$
SJ3 × ×	硅钙型	$CaO+MgO+ SiO_2 > 60\%$
SJ4 × ×	硅锰型	$MgO+ SiO_2 > 50\%$
SJ5 × ×	铝钛型	$Al_2O_3+TiO > 45\%$
SJ6 × ×	其他	

7.1.7　焊剂型号与牌号的对照

同一牌号的焊剂可以配合多种焊丝使用，而同一种焊丝也可以根据不同要求选用多种焊剂，也就是一种焊剂可以有多种焊丝与焊剂组合的型号。

焊剂牌号与焊剂型号对照见表 7-5。

表 7-5　焊剂牌号与焊剂型号对照

焊剂牌号	焊剂型号	焊剂牌号	焊剂型号
HJ350	F4A2-H1OMn2	SJ301	F4A2-H08MnA
HJ351	F4A2-H1OMn2	SJ302	F4A2-H08A
HJ430	F4AO-H08A	SJ401	F4A0-H08A
HJ431	F4AO-H08A	SJ403	F4A0-H08A
HJ433	F4AO-H08A	SJ501	F4A0-H08A
HJ434	F4AO-H08A	SJ502	F5A0-H08A
SJ101	F4A4-H08MnA	SJ503	F5A3-H08MnA
SJ107	F5A4-H10Mn2	SJ504	F5A0-H08A
SJ201	F5A4-H10Mn2		

7.1.8　焊剂的烘干

焊剂的使用像焊条一样，需要在使用前根据有关要求严格进行烘干。焊剂的烘干温度与时间见表 7-6。

表 7-6 焊剂的烘干温度与时间

焊剂牌号	成分类型	适用钢种	配用焊丝	使用电流种类	烘干规范时间 × 温度 / (h×℃)
HJ350	中锰中硅中氟	重要低合金高强度钢	Mn-Mo、Mn-Si、含 Ni 高强度钢焊丝	交流、直流	2×400
HJ351	中锰中硅中氟	Mn-Mo、Mn-Si 及含 Ni 普低钢	相应钢种焊丝	交流、直流	2×400
HJ430	高锰高硅低氟	重要低碳钢、普低钢	H08A、H08MnA	交流、直流	2×250
HJ431	高锰高硅低氟	重要低碳钢、普低钢	H08A、H08MnA	交流、直流	2×250
HJ433	高锰高硅低氟	低碳钢	H08A	交流、直流	2×350
SJ301	硅钙型（中性）	低碳钢、锅炉钢	H08MnA、H10Mn2、H08MnMoA	交流、直流	2×350
SJ401	锰硅型（酸性）	低碳钢、普低钢	H08A	交流、直流	2×250
SJ501	铝钛型（酸性）	低碳钢、普低钢	H08A、H08MnA	交流、直流	2×350
SJ502	铝钛型（酸性）	低碳钢、普低钢	H08A	交流、直流	1×300

7.1.9 埋弧焊优缺点

埋弧焊优缺点如图 7-9 所示。

图 7-9 埋弧焊优缺点

7.1.10 埋弧焊自动调节类型

埋弧焊自动调节类型如图 7-10 所示。

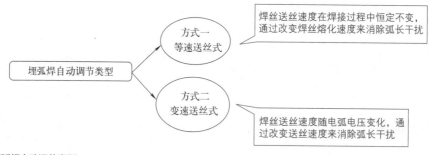

图 7-10 埋弧焊自动调节类型

7.1.11　埋弧焊工艺

埋弧焊一般用在平焊位置，用于焊接对接、T 形接头的长直焊缝。厚度＜ 20mm 的焊件，可以采用单面焊接。厚度＞ 20mm 的焊件，可以采用开坡口单面焊或双面焊。

通常始焊处和终焊处最易产生焊瘤、弧坑等焊接缺陷。使用引弧板、引出板就是把焊缝两端向外延长，避免这些缺陷落在接头的始末端。为此，焊缝起止处焊上引弧板和引出板，如图 7-11 所示。

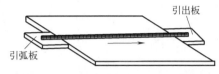

图 7-11　焊缝起止处焊上引弧板和引出板

引弧板和引出板尺寸的确定，是在长度方面要足以保证工件的焊缝金属在接头的两端有合适的形状，宽度方向足以支托所需的焊剂。

引弧板和引出板宜用与母材同质的材料，以免影响焊缝化学成分，其坡口形状、尺寸也应与母材相同。

7.1.12　埋弧焊焊接衬垫

焊接中常采用各种焊剂垫和垫板，以保证焊缝成形与防止烧穿，保证接头根部焊透，它是沿接头背面预置的一种衬托装置，如图 7-12 所示。

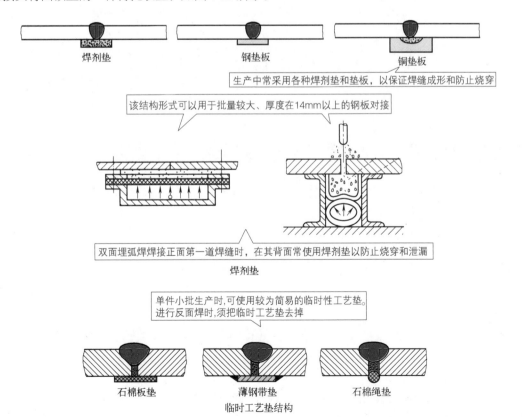

焊剂垫　　钢垫板　　铜垫板

生产中常采用各种焊剂垫和垫板，以保证焊缝成形和防止烧穿

该结构形式可以用于批量较大、厚度在14mm以上的钢板对接

双面埋弧焊焊接正面第一道焊缝时，在其背面常使用焊剂垫以防止烧穿和泄漏

焊剂垫

单件小批生产时，可使用较为简易的临时性工艺垫。进行反面焊时，须把临时工艺垫去掉

石棉板垫　　薄钢带垫　　石棉绳垫
临时工艺垫结构

图 7-12　焊接衬垫

根据使用时间不同，埋弧焊接用的衬垫，可以分为可拆的衬垫、永久的衬垫。可拆的衬垫属于临时性衬垫，焊后需要拆除掉。永久的衬垫与接头焊成一体，焊后不需要拆除。

永久的衬垫，简称垫板，其是用与母材相同的材料制成的一种板条或钢带。装配间隙过大时，在最后合拢的接缝其间隙不易控制情况下，可采用永久衬垫。

根据用途与焊接工艺而采用各种形式的可拆衬垫，平板对接时应用最多的是焊剂垫、焊剂-铜垫，其次是移动式水冷铜衬垫、热固化焊剂垫。

一点通

单面焊时，焊后在无法从背面拆除衬垫的情况下也可采用永久的衬垫。垫板的宽度一般为20～50mm。垫板的厚度根据母板厚度而确定，一般为3～10mm。为了固定垫板，需要采用短的断续定位焊。垫板与母材板边需要紧贴，以免根部产生夹渣。不等厚板对接时可用锁边坡口，其作用与垫板相同。

焊剂-铜垫是单面焊背面成形埋弧焊工艺常使用的衬垫之一。焊剂-铜垫就是在铜垫表面上撒上一层厚3～8mm焊剂的一种装置，如图7-13所示。

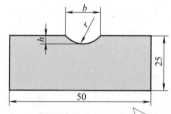

铜垫应带沟槽，其形状和尺寸要求　单位：mm

焊件厚度	槽宽b	槽深h	槽曲率半径r
4～6	10	2.5	7.0
6～8	12	3.0	7.5
8～10	14	3.5	9.5
12～14	18	4.0	12

沟槽起强制焊缝背面成形作用。焊剂起保护铜垫作用，其颗粒宜细些，牌号可与焊正式焊缝用的相同

图7-13　焊剂-铜垫

一点通

单面焊用的焊剂垫，必须防止焊接时烧穿，还要保证背面焊道强制成形。这样就要求焊剂垫上托力适当并且沿焊缝均匀分布。

铜衬垫要具有较大的体积以散失较多热量，防止熔敷第一焊道时发生熔化。批量生产中，可做成能通冷却水的铜衬垫，以排除连续焊接时积累的热量。铜衬垫上可以开成形槽，以控制焊缝背面的形状、余高。无论有无水冷却，焊接时都不允许电弧接触铜衬垫。

水冷铜衬垫如图7-14所示。

热固化焊剂衬垫是指在一般焊剂中加入一定比例的热固化物质做成具有一定刚性，但是可挠曲的一种板条。

热固化焊剂衬垫适用于具有曲面的板对接焊。使用时，把热固化焊剂衬垫紧贴在接缝的底面。热固化焊剂衬垫焊接时一般不熔化，可以对熔池起着承托、帮助焊缝成形等作用。

热固化焊剂衬垫如图7-15所示。

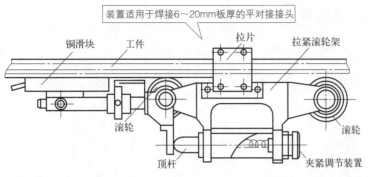

图 7-14　水冷铜衬垫

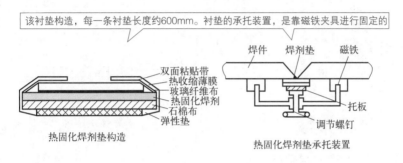

图 7-15　热固化焊剂衬垫

一点通

　　焊接筒体对接焊缝时工件以一定的焊接速度旋转，焊丝位置不动。为了防止熔池金属流失，焊丝位置需要逆旋转方向偏离焊件中心线一定距离。

7.1.13　埋弧焊定位焊

　　定位焊，是为了装配、固定焊件接头的位置而进行的一种焊接。

　　定位焊常由焊条电弧焊来完成，也就是使用与母材性能相接近而抗裂、抗气孔性能好的焊条。

　　定位焊焊缝的位置一般在第一道埋弧焊缝的背面。板厚大于 25mm 的定位焊焊缝长 70 ~ 100mm，间距 200 ~ 300mm。板厚 < 25mm 的定位焊缝长 50 ~ 70mm，间距 300 ~ 500mm。

　　施焊时，需要注意防止钢板变形。对高强度钢、低温钢易产生焊缝裂纹，则焊前需要预热。

一点通

　　焊后需要清渣，也就是有缺陷的定位焊缝在埋弧前必须除掉，以及需要保证埋弧焊能将定位焊缝完全熔化。

7.1.14　埋弧焊焊缝坡口的基本形式与尺寸

埋弧焊焊缝坡口的一些基本形式与尺寸如图 7-16 所示。

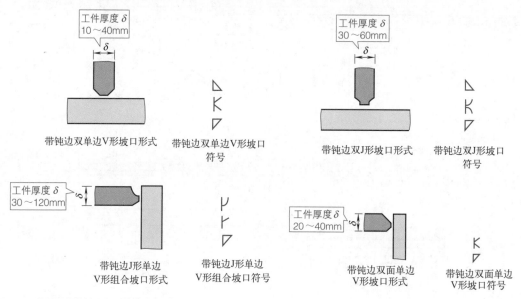

带钝边双单边V形坡口形式　　带钝边双单边V形坡口符号　　带钝边双J形坡口形式　　带钝边双J形坡口符号

带钝边J形单边V形组合坡口形式　　带钝边J形单边V形组合坡口符号　　带钝边双面单边V形坡口形式　　带钝边双面单边V形坡口符号

图 7-16　埋弧焊焊缝坡口的一些基本形式与尺寸

7.1.15　窄间隙埋弧焊

窄间隙埋弧焊如图 7-17 所示。

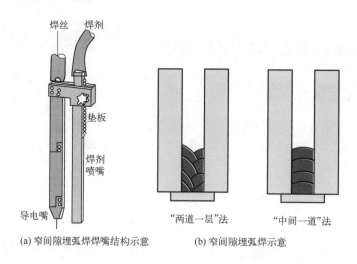

(a) 窄间隙埋弧焊焊嘴结构示意　　(b) 窄间隙埋弧焊示意

图 7-17　窄间隙埋弧焊

7.1.16　带极埋弧焊

带极埋弧焊如图 7-18 所示。

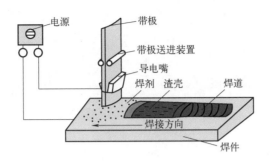

图 7-18　带极埋弧焊

7.1.17　多丝埋弧焊

多丝埋弧焊如图 7-19 所示。

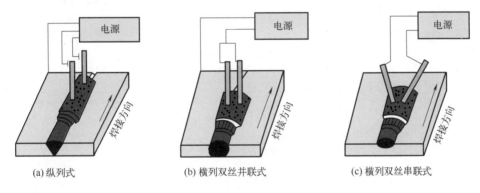

(a) 纵列式　　　　　(b) 横列双丝并联式　　　　　(c) 横列双丝串联式

图 7-19　多丝埋弧焊

7.1.18　附加填充金属的埋弧焊

附加填充金属的埋弧焊如图 7-20 所示。

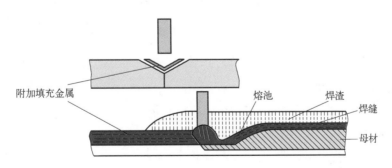

图 7-20　附加填充金属的埋弧焊

7.1.19　母材与焊接材料的匹配原则

焊丝与焊剂的正确选用及两者之间的合理配合是获得优质焊缝的关键。因此，需要根据母材的成分、力学性能、焊接结构的要求，正确选用焊丝、焊剂。

母材、焊丝、焊剂的一些匹配原则如图 7-21 所示。

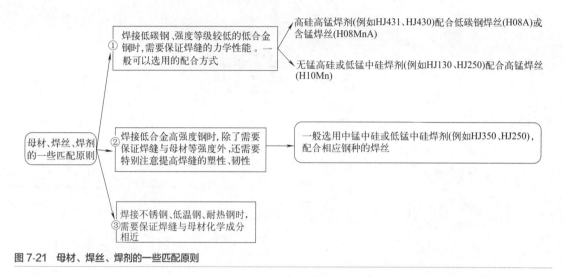

图 7-21　母材、焊丝、焊剂的一些匹配原则

7.1.20　埋弧自动焊对焊剂的基本要求

为了保证埋弧自动焊焊缝的质量，对焊剂的一些基本要求如图 7-22 所示。

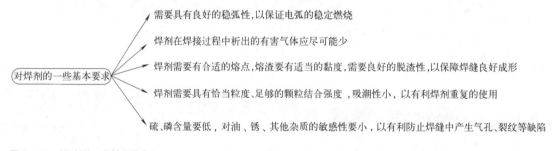

图 7-22　对焊剂的一些基本要求

7.1.21　埋弧焊焊丝

焊丝是指焊接时作为填充金属或同时用于导电的金属丝。埋弧焊焊丝的作用如图 7-23 所示。常用焊丝牌号有 H08A、H08MnA、H10Mn2、H08Mn2SiA、H08Mn2MoA 等。常用的焊丝直径有 2mm、3mm、4mm、5mm、6mm 等。

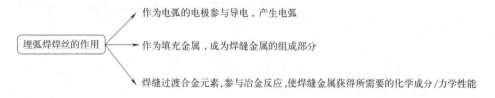

图 7-23　埋弧焊焊丝的作用

一点通

焊接不同厚度的钢板时，选用相应的焊丝直径。为了防止焊丝生锈，常在焊丝表面镀铜。使用没有镀铜的焊丝时，焊前应经过人工或专用设备对焊丝表面进行油污、铁锈等清除。

7.1.22　埋弧焊焊丝的分类与选用

根据焊丝的成分、用途，可分为钢焊丝（包括碳素结构钢焊丝、合金结构钢焊丝）与不锈钢焊丝。

随着埋弧焊所焊金属种类的增多，焊丝的品种也在增加，例如各种有色金属焊丝、堆焊用的特殊合金焊丝等均已出现。

埋弧焊焊丝的选用如图 7-24 所示。

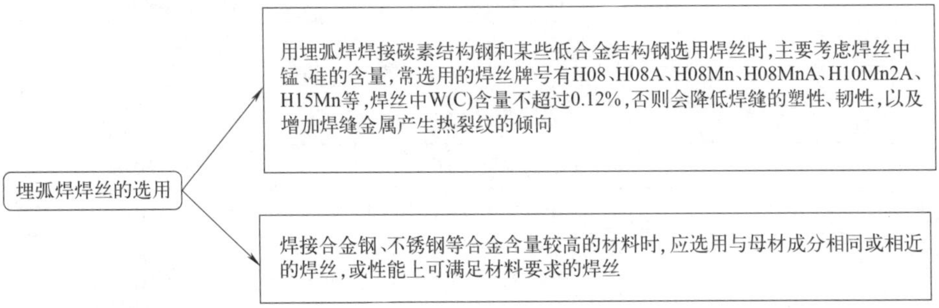

埋弧焊焊丝的选用 →

用埋弧焊焊接碳素结构钢和某些低合金结构钢选用焊丝时，主要考虑焊丝中锰、硅的含量，常选用的焊丝牌号有H08、H08A、H08Mn、H08MnA、H10Mn2A、H15Mn等，焊丝中W(C)含量不超过0.12%，否则会降低焊缝的塑性、韧性，以及增加焊缝金属产生热裂纹的倾向

焊接合金钢、不锈钢等合金含量较高的材料时，应选用与母材成分相同或相近的焊丝，或性能上可满足材料要求的焊丝

图 7-24　埋弧焊焊丝的选用

 一点通

为了适应焊接不同厚度材料，同一牌号焊丝可加工成不同直径。埋弧焊常用焊丝直径为 1.6～6mm。不同牌号焊丝需要注意分类保管，防止混用、错用。

7.1.23　焊丝与焊剂的选配

焊丝与焊剂的选配方法、技巧，见表 7-7。

表 7-7　焊丝与焊剂的选配方法、技巧

项目	解　释
低合金高强度钢埋弧焊	低合金高强度钢埋弧焊选配焊丝与焊剂时，除满足等强要求外，还需要注意焊缝的塑性、韧性。可选用中锰中硅或低锰中硅型焊剂，配用适当强度的低合金高强度钢焊丝。也可以选用硅锰型烧结焊剂，配用 H08A 焊丝
耐热钢、低温钢、耐蚀钢埋弧焊	耐热钢、低温钢、耐蚀钢进行埋弧焊时，选配焊丝与焊剂先保证焊缝具有与母材相同或相近的耐热、低温耐蚀钢性能。可以选用无锰或低锰、中硅或低硅型熔炼焊剂，或者选用高碱度烧结焊剂，配用相近钢种的合金钢焊丝

续表

项目	解 释
碳钢与强度等级较低的合金钢埋弧焊	低碳钢与强度等级较低的合金钢进行埋弧焊时，焊丝、焊剂的选配原则常以满足力学性能要求为主，焊缝与母材等强，以及满足其他力学性能指标。可选用高锰高硅型焊剂，配用 H08MnA 焊丝；或选用低锰、无锰型焊剂，配用 H08MnA、H10Mn2 焊丝；也可选用硅锰型烧结焊剂，配用 H08A 焊丝
铁素体、奥氏体等高合金钢埋弧焊	铁素体、奥氏体等高合金钢进行埋弧焊时，选配焊丝与焊剂先要保证焊缝与母材有相近的化学成分，以及满足力学性能、抗裂性能等要求。一般选用高强度烧结焊剂或无锰中硅中氟、无锰低硅高氟焊剂，配用适当的焊丝

钢种与焊丝牌号、焊剂牌号的参考选配见表 7-8。

表 7-8　钢种与焊丝牌号、焊剂牌号的参考选配

钢种	焊丝牌号	焊剂牌号
00Cr17Ni13 Mo2N、00Cr17Ni14 Mo2	H00Cr19Ni12 Mo3	HJ260、HJ151、SJ608
00Cr18Ni10N	H0Cr20Ni10Ti	HJ260
0Cr13 1Cr13	H0Cr14	HJ260
0Cr18Ni12 Mo3Ti	H0Cr20Ni14 Mo3	HJ260、HJ151、SJ601
0Cr18Ni9Ti、1Cr18Ni9Ti	H0Cr21Ni10、H0Cr20Ni10Ti	HJ151N6、HJ151、SJ608
12Cr2Mo1	H08CrMoA	HJ260、HJ250
12CrMo	H12CrMo	HJ260、HJ250
15CrMo	H15CrMo	HJ260、HJ250
2Cr13	H1Cr13	HJ260
30CrMnSiA	H20CrMoA、H18CrMoA	HJ431、HJ260
30CrMnSiNi2A	H18CrMoA	HJ260
35 CrMoA	H20CrMoA	HJ260
Q235A、B、C、D 级	H08A、H08MnA	HJ431
Q295（09Mn2、09MnV、09MnNb）	H08A、H08MnA	HJ431
Q345（16Mn、14MnNb）	H08MnA、H10Mn2、H08MnSi，厚板深坡口 H10Mn2	IIJ431、HJ350
Q390（15MnV）、Q390（15MnTi、16MnNb）	H08MnA、H10Mn2、H08MnSi，厚板深坡口 H08MnMoA、HJ350、HJ25	HJ431、HJ350、HJ250
Q420（15MnVN）、14MnMoNi	H08Mn2MoA、H08Mn2MoVA	HJ250、HJ350
Q420（15MnVN）、Q420（14MnVTiRE）	H08MnMoA、H08MnVTiA	HJ431、HJ350

一点通

　　为了防止从熔渣向液态金属过渡 S、P，以及引起焊缝热裂、冷脆，焊剂中的 S、P 含量均应限制在 0.10% 以下。有些焊剂特别适合环缝、高速焊、堆焊等特殊场合的应用。

7.2 埋弧焊技术

7.2.1 自动埋弧焊常规工艺与技术

熔深大是自动埋弧焊的基本特点。如果不开坡口、不留间隙对接单面焊，一次可以熔透 14mm 以下的焊件。如果留 5 ～ 6mm 间隙，则可熔透 20mm 以下的焊件。

在焊件翻转有困难或背面不可达而无法进行施焊的情况下，可能需要进行单面焊。简单的焊接，不需要焊透单面焊，则不用焊接衬垫。要求焊透的单面焊，则需要使用焊接衬垫。

焊剂垫上单面焊双面成形的埋弧焊工艺参考参数见表 7-9。

表 7-9　焊剂垫上单面焊双面成形的埋弧焊工艺参考参数

钢板厚度 /mm	装配间隙 /mm	焊丝直径 /mm	焊接电流 /A	电弧电压 /V	焊接速度 /（m/h）	焊剂垫压力 /MPa
2	0 ～ 1.0	1.6	120	24 ～ 28	43.5	0.08
3	0 ～ 1.5	2	275 ～ 300	28 ～ 30	44	0.08
		3	400 ～ 425	25 ～ 28	70	
4	0 ～ 1.5	2	375 ～ 400	28 ～ 30	40	0.10 ～ 0.15
		4	525 ～ 550	28 ～ 30	50	
5	0 ～ 2.5	2	425 ～ 450	32 ～ 34	35	0.10 ～ 0.15
		4	575 ～ 625	28 ～ 30	46	
6	0 ～ 3.0	2	475	32 ～ 34	30	0.10 ～ 0.15
		4	600 ～ 650	28 ～ 32	40.5	
7	0 ～ 3.0	4	650 ～ 700	30 ～ 34	37	0.10 ～ 0.15
8	0 ～ 3.5	4	725 ～ 775	30 ～ 36	34	0.10 ～ 0.15

焊剂 - 铜垫单面焊双面成形的埋弧焊工艺参考参数见表 7-10。

表 7-10　焊剂 - 铜垫单面焊双面成形的埋弧焊工艺参考参数

钢板厚度 /mm	装配间隙 /mm	焊丝直径 /mm	焊接电流 /A	电弧电压 /V	焊接速度 /（m/h）
3	2	3	380 ～ 420	27 ～ 29	47
4	2 ～ 3	4	450 ～ 500	29 ～ 31	40.5
5	2 ～ 3	4	520 ～ 560	31 ～ 33	37.5
6	3	4	550 ～ 600	33 ～ 35	37.5
7	3	4	640 ～ 680	35 ～ 37	34.5
8	3 ～ 4	4	680 ～ 720	35 ～ 37	32
9	3 ～ 4	4	720 ～ 780	36 ～ 38	27.5
10	4	4	780 ～ 820	38 ～ 40	27.5
12	5	4	850 ～ 900	39 ～ 41	23
14	5	4	880 ～ 920	39 ～ 41	21.5

一点通

可按焊件厚度、对焊透的要求，决定是采用单面焊，还是双面焊；可按焊件厚度、对焊透的要求，决定是采用开坡口焊，还是不开坡口焊。

7.2.2　各焊接工艺参数对焊缝形状的影响

各焊接工艺参数对焊缝形状的影响，见表7-11。

表7-11　各焊接工艺参数对焊缝形状的影响

焊缝特征	下列各项值增大时焊缝特征的变化										
	焊接电流≤1500A	焊丝直径	电弧电压/V		焊接速度/(m/h)		焊丝后倾角度	焊件倾斜角		间隙和坡口	焊剂粒度
			22～3	35～6	10～4	40～1		下坡焊	上坡焊		
熔深 S	剧增	减	稍增	稍减	稍增	减	剧减	减	稍增	几乎不变	稍减
熔宽 c	稍增	增	增	剧增（正接例外）	减		增	增	稍减	几乎不变	稍增
余高 h	剧增	减	减		稍增		增	减	增	减	稍减
焊缝成形系数 φ	剧减	增	增	剧增（正接例外）	减	稍减	剧减	增	减	几乎不变	增
余高系数 ψ	剧减	增	增	剧增（正接例外）	减		剧增	增	减	增	增
母材	剧增	减	稍增	几乎不变	剧增	增	减	减	稍增	减	稍减

7.2.3　埋弧焊焊接工艺参数的选择

影响焊缝形状及尺寸的工艺参数包括焊接参数、工艺因素等方面。

（1）焊接参数

埋弧焊的焊接参数主要是焊接电流、电弧电压、焊接速度等，焊接参数见表7-12。

表7-12　焊接参数

参数	解　释
焊接电流	（1）熔深几乎与焊接电流成正比，其余条件相同时，减小焊丝直径，可使熔深增加而缝宽减小 （2）为了获得合理的焊缝成形，常在提高焊接电流的同时，相应提高电弧电压
电弧电压	（1）在其他条件不变的情况下，电弧电压与电弧长度有正比关系 （2）埋弧焊接过程中为了电弧燃烧稳定，总要求保持一定的电弧长度 （3）如果弧长比稳定的弧长偏短，则说明电弧电压相对于焊接电流偏低，这时焊缝变窄而余高增加 （4）如果弧长过长，则说明电弧电压相对于焊接电流偏高，这时电弧出现不稳定，缝宽变大，余高变小，以及出现咬边等现象 （5）实际生产中焊接电流增加时，电弧电压也相应增加，或熔深增加的同时，熔宽也相应增加
焊接速度	（1）提高焊接速度，则单位长度焊缝上输入热量减少，加入的填充金属量也减少。熔深减小、余高降低、焊道变窄 （2）过快的焊接速度会减弱填充金属与母材间的熔合，以及加剧咬边、电弧偏吹、气孔、焊道形状不规则等倾向 （3）较慢的焊接速度会使气体有足够时间从正在凝固的熔化金属中逸出，从而减少气孔倾向 （4）过低的焊接速度会形成凹形等焊道，以及引起焊道波纹粗糙、夹渣等

一点通

提高焊接速度的同时，加大电弧的功率（也就是同时加大焊接电流和电弧电压），才能保证稳定的熔深与熔宽。

（2）工艺因素

工艺因素主要指焊丝倾角、焊件斜度、焊剂层厚度等对焊缝成形的影响，见表 7-13。

表 7-13　工艺因素

项目	解　释
焊丝倾角	（1）通常认为焊丝垂直水平面的焊接为正常状态 （2）如果焊丝在前进方向上偏离垂线（前倾或后倾），则其焊缝形状是不同的。后倾焊熔深减小，熔宽增加，余高减少，前倾则相反
焊件斜度	（1）焊件斜度是指焊件倾斜后使焊缝轴线不处在水平线上，出现了上坡焊或下坡焊 （2）对于上坡焊，随着斜角增加，重力引起熔池向后流动，母材的边缘熔化并流向中间，熔深和熔宽减小，余高加大。倾斜度 $\beta=6°\sim12°$，则余高过大，两侧出现咬边 （3）应避免上坡焊，或限制倾角小于 6° （4）下坡焊效果与上坡相反 （5）厚 1～3mm 薄板高速焊接，倾斜度 $\beta=15°\sim18°$，下坡焊效果好。板厚增加，下坡焊斜角相应减少，以加大熔深 （6）侧面倾斜对焊缝形状也会造成影响，一般侧向焊件斜度应限制在 3° 内
焊剂层厚度	（1）正常焊接条件下，被熔化焊剂的重量大约与被熔化的焊丝的重量相等 （2）焊剂层太薄时，则电弧露出，保护不良，焊缝熔深浅，易生气孔、裂纹等缺陷 （3）焊剂层过厚，则熔深大于正常值，易出现峰形焊道 （4）同样条件下用烧结焊剂的熔深浅、熔宽大，其熔深仅为熔炼焊剂的 70%～90%
焊剂粗细	焊剂粒度增大时，熔深和余高略减，熔宽略增，即焊缝成形系数 φ 和余高系数增大，而熔合比稍减
焊丝直径	在其他工艺参数不变的情况下，减小焊丝直径，则意味着焊接电流密度增加
极性	（1）直流正极性（焊件接正极）焊缝的熔深和熔宽比直流反接的小 （2）交流电焊缝的熔深和熔宽介于直流正极性与直流反接两者之间

 一点通

结构因素，主要指接头形式、坡口形状、装配间隙、工件厚度等对焊缝形状和尺寸的影响。增大坡口深度或宽度，或增大装配间隙时，则相当于焊缝位置下沉，其熔深略增，熔宽略减，余高和熔合比则明显减小。

7.2.4　埋弧焊缺陷原因与排除

埋弧焊缺陷原因与排除见表 7-14。

表 7-14　埋弧焊缺陷原因与排除

缺陷	原　因	排除方法
堆积高度过大	（1）上坡焊时倾角过大 （2）环缝焊接位置不当 （3）电流太大而电压过低	（1）调整上坡焊倾角 （2）相对于一定的焊件直径与焊接速度，确定适当的焊接位置 （3）调节焊速
焊缝金属满溢	（1）坡焊时倾角过大 （2）环缝焊接位置不当 （3）焊接时前部焊剂过少 （4）焊丝向前弯曲 （5）焊接速度过慢 （6）电压过大	（1）调整下坡焊倾角 （2）相对一定的焊件直径与焊接速度确定适当的焊接位置 （3）调整焊剂覆盖状况 （4）调整好焊丝与装置 （5）调节工艺参数 （6）调节电压

续表

缺陷	原　　因	排除方法
宽度不均匀	（1）焊丝给送速度不均匀 （2）焊丝导电不良 （3）焊接速度不均匀	（1）检查送丝机构等 （2）更换导电嘴 （3）检查影响焊接速度的因素
裂纹	（1）多层焊的第一道焊缝截面过小 （2）焊缝成形系数太小 （3）角焊缝熔深太大 （4）焊接顺序不合理 （5）焊件刚度大 （6）焊件、焊丝、焊剂等材料配合不当 （7）焊丝中含碳、硫量较高 （8）焊接区冷却速度过快而致热影响区硬化	（1）焊前适当预热或减小电流，降低焊速 （2）调整焊接参数与改进坡口 （3）调整焊接参数与改变极性 （4）合理安排焊接顺序 （5）焊前预热及焊后缓冷 （6）合理选配焊接材料 （7）选用合格焊丝 （8）适当降低焊速以及焊前预热和焊后缓冷
内部夹渣	（1）多层焊时，层间清渣不干净 （2）多层分道焊时，焊丝位置不当	（1）层间清渣彻底 （2）每层焊后发现咬边夹渣必须清除修复
气孔	（1）焊剂覆盖层厚度不当或焊剂斗阻塞 （2）焊丝表面清理不够 （3）电压过高 （4）焊剂未清理干净 （5）焊剂潮湿 （6）焊剂中有垃圾	（1）调节焊剂覆盖层高度，疏通焊剂斗 （2）焊丝必须清理，清理后应尽快使用 （3）调整电压 （4）接头必须清理干净 （5）焊剂按规定烘干 （6）焊剂必须过筛、吹灰、烘干
未焊透	（1）焊接工艺参数不当（例如电流过小、电弧电压过高） （2）焊丝未对准 （3）坡口不合适	（1）调整工艺参数 （2）调节焊丝 （3）修正坡口
未融合	（1）焊丝未对准 （2）焊缝局部弯曲过甚	（1）调整焊丝 （2）精心操作
咬边	（1）焊接工艺参数不当 （2）焊丝位置或角度不正确	（1）调整工艺参数 （2）调整焊丝
中间凸起而两边凹陷	药粉圈过低，并有粘渣。焊接时熔渣被粘渣拖压	提高药粉圈，使焊剂覆盖高达 30 ～ 40mm 等

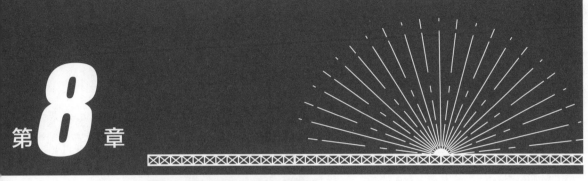

第**8**章

气焊与气割

8.1 气焊基础与常识

8.1.1 气焊的工作原理

气焊是利用气体火焰作为热源的一种焊接方法。它是利用可燃气体与助燃气体（氧气）混合燃烧形成的火焰，将被焊材料局部加热到熔化状态，另加填充金属而进行的一种焊接方法。

气焊所用的气体中，一种是可燃气体，例如甲烷、液化石油气、氢气天然气、乙炔等，另一种是助燃气体，例如氧气。乙炔在氧气中燃烧时，能够产生的温度最高达到3500℃。所以，氧 - 乙炔焰在气焊中应用最广。

最常用的气焊是乙炔焊。乙炔焊适用于各种材料的全位置焊接。

乙炔焊不需电能。气焊应用的设备、工具：氧气瓶、乙炔瓶（或乙炔发生器）、回火防止器、焊炬（焊枪）、减压器、氧气输送管、乙炔输送管等，如图8-1所示。

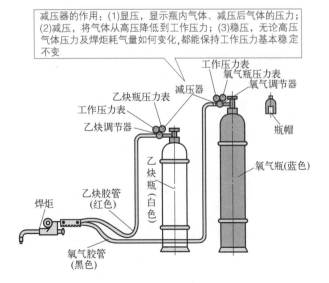

图 8-1 乙炔焊

一点通

氧气瓶、乙炔瓶必须根据《气瓶安全监察规程》的规定，严格进行技术检验，合格后才能使用。如果超出有效期，不得使用。阀门的保护：除了使用时外，任何时候压缩气瓶都必须加盖阀帽保护。

8.1.2 氧气与氧气瓶

氧气是一种助燃剂。需要注意，氧气不要与可燃气体、液体燃料距离太近。氧气保存温度也不要太高。氧气瓶内的工作压力一般为15MPa，管道内的压力一般为0.5～15MPa。

氧气瓶是运送与贮存高压氧气的容器，其有的容积为40L，工作压力为15MPa。根据规定，氧气瓶外表漆成天蓝色，以及用黑漆标明"氧气"字样。

氧气瓶阀不得沾有油脂，焊工不得用沾有油脂的工具、手套或油污工作服去接触氧气瓶阀、减压器等。冬季使用时，如果瓶阀或减压器有冻结现象，则可以用热水或水蒸气解冻，严禁用火焰烤或铁器撞击。氧气瓶着火时，需要迅速关闭阀门，停止供氧。

氧气瓶如图8-2所示。严禁利用氧气瓶作为有限空间的通风换气气源。

氧气瓶
(蓝色)

氧气瓶保管和使用时，应防止沾染油污。氧气瓶不许曝晒、火烤、敲打，以防爆炸。氧气瓶放置时必须平稳可靠，不应与其他气瓶混在一起。使用氧气时，不得将瓶内氧气全部用完，最少应留100～200kPa，以便在再装氧气时吹除灰尘和避免混进其他气体

图8-2 氧气瓶

 一点通

禁止火焰和带电导体接触压缩氧气瓶。氧气不能代替压缩空气使用。空瓶必须有明显的标志，同一种气瓶的空瓶和满瓶必须分开存放，禁止重叠堆放。漏气的气瓶应立即移到远离火源处放空，或及时返回供货商。禁止在地面滚动气瓶，最好使用专用的小推车。

8.1.3 乙炔与乙炔瓶

乙炔是一种危险的易燃易爆气体。纯乙炔的分解爆炸性，取决于它的压力、温度，并且与接触介质、乙炔中的杂质、容器形状等有关。

乙炔中毒现象比较少见，主要表现为中枢神经损伤。

乙炔瓶是贮存和运送乙炔的容器，国内最常用的乙炔瓶公称容积大约为40L，工作压力大约为1.47MPa，如图8-3所示。乙炔瓶的最高压力大约为1.47MPa。

乙炔瓶外形与氧气瓶相似，外表常漆成白色，并且用红漆写上"不可近火""乙炔"等字样。

乙炔瓶严禁靠近热源，一般瓶体温度不得超过30～40℃。

存放气瓶处应有"10m内禁止明火""危险、禁止烟火"等醒目的警告牌。

乙炔瓶不能遭受剧烈的震动

在乙炔瓶瓶体内装有浸满丙酮的多孔性填料，可使乙炔稳定而又安全地贮存在瓶内。使用乙炔瓶时，瓶体的温度不能超过30~40℃

搬运、装卸、存放和使用乙炔瓶时，都应竖立放稳，严禁在地面上卧放并直接使用，一旦要使用已卧放的乙炔瓶，必须先直立后静止20min，再连接乙炔减压器后使用

溶解乙炔气瓶是储存及运输乙炔的专用容器，外表漆成白色，并用红漆在瓶体标注"乙炔""不可近火"等字样

扫码看视频
乙炔与乙炔瓶、氧气与氧气瓶

图 8-3　乙炔瓶

　　乙炔瓶使用、存放时，需要保持直立，不能横躺卧放，以防丙酮流出，引起燃烧爆炸等事故。一旦要使用已卧放的乙炔气瓶，必须先直立 20min 后，再连接减压器，然后使用。
　　使用乙炔瓶时必须装有回火阻止器。

一点通

　　乙炔瓶任何时候（包括空瓶）都必须直立放置，严禁在地面上卧放并直接使用。禁止在乙炔瓶上放置物件、工具，或缠绕悬挂橡胶管及焊炬、割炬。露天存放的氧气瓶与乙炔瓶，需要采取防晒措施，严禁在烈日下曝晒。做好防火花、防撞击措施，不得摆放在输电线路下方。氧气瓶与乙炔瓶存放和使用间距必须大于 5m，距易燃、易爆物品、明火的距离，不得少于 10m。

8.1.4　减压器

　　减压器是将高压气体降为低压气体的调节装置，其作用是将气瓶中流出的高压气体的压力降低到需要的工作压力，并且保持压力的稳定，如图 8-4 所示。

扫码看视频
减压器

(a) 乙炔减压器　　　　　　(b) 氧气减压器

图 8-4　减压器

一点通

减压器上的压力表必须是检定合格的压力表。氧气瓶、氧气表、焊割工具上，不得沾染油脂。氧气瓶、乙炔瓶的阀、回火阻止器等冻结时，宜用蒸汽、热水解冻，严禁用火烤或碘钨灯烤。

8.1.5 气瓶使用时的一些安全要求

气瓶使用时的一些安全要求如下。

① 不得擅自更改气瓶的钢印、颜色标签。

② 气瓶的放置地点，不得靠近热源，一般应距明火 10m 以外。

③ 气瓶立放时，应采取防止倾倒措施。

④ 气瓶使用前，应进行安全状况检查，并且对盛装气体进行确认。

⑤ 盛装易起聚合反应或分解反应气体的气瓶，应避开放射性射线源。

⑥ 夏季应防止阳光曝晒。

⑦ 严禁敲击、碰撞，特别是乙炔瓶不应遭受剧烈震动或撞击，以免填料下沉而形成净空间影响乙炔的储存。

⑧ 不得用温度超过 40℃ 的热源对气瓶加热，如果乙炔瓶瓶温过高，会降低丙酮对乙炔的溶解性，而使瓶内乙炔压力急剧增高，造成危险。

⑨ 严禁在气瓶上进行电焊引弧。

⑩ 氧气瓶、乙炔气瓶应有防震胶圈、防护帽。旋紧防护帽，相互固定，以防止翻倒或相互碰撞。

⑪ 禁止将氧气瓶或乙炔瓶靠放在作为电焊回路一部分的钢结构或其他设备上。

⑫ 瓶内气体不得用尽，必须留有剩余压力（应不小于 0.05MPa），关紧阀门，防止漏气，使气压保持正压，以便充气时检查，以及防止事故发生。

⑬ 在可能造成回流的使用场合，使用设备必须配置如单向阀、止回阀、缓冲罐等防止倒灌的装置。

⑭ 气瓶和电焊在同一地点使用时，瓶底需要垫绝缘物，以防气瓶带电。

⑮ 与气瓶接触的管道、设备，要有接地装置，以防止产生静电造成燃烧或爆炸。

⑯ 气瓶投入使用后，不得对瓶体进行挖补、焊接修理等不宜的操作。

⑰ 无论空瓶还是满瓶，运输中必须关紧阀门，不允许握住气瓶的阀门或其他部件抬起或搬运气瓶。

⑱ 禁止使用没有调节阀的气瓶。安装调节阀前，需要迅速开、闭一次阀，以吹除阀门上可能有的粉尘、脏物，操作者要站在旁边。安装好调节阀后，应缓慢开启阀门，以防止气流顶坏调节阀门、仪表。

⑲ 气瓶放气时，不可直接对着火源。

⑳ 工作完毕，需要将氧气瓶、乙炔瓶瓶阀关好，以及拧紧防护罩。

8.1.6 焊炬

焊炬的结构与特点如图 8-5 所示。焊炬倾角与焊件厚度的关系如图 8-6 所示。焊接钢材用的焊嘴见表 8-1。

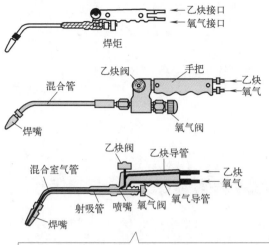

射吸式焊炬是可燃气体靠喷射氧流的射吸作用与氧气混合的焊炬。乙炔靠氧气的射吸作用吸入射吸管。射吸式焊炬适用于低压及中压乙炔气(0.001～0.1MPa)

等压式焊炬是指燃烧气体和氧气两种气体具有相等或接近于相等的压力。燃烧气依靠自己的压力与氧混合。等压式焊炬不能使用低压乙炔发生器，只能使用乙炔瓶或中压乙炔发生器

图 8-5　焊炬的结构与特点

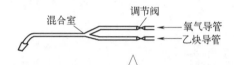

图 8-6　焊炬倾角与焊件厚度的关系

表 8-1　焊接钢材用的焊嘴

焊嘴号	1	2	3	4	5
工件厚度 /mm	< 1.5	1～3	2～4	4～7	7～11

8.1.7　气焊焊丝与焊粉

　　气焊用的焊丝主要起填充金属的作用，其焊接时与熔化的母材一起组成焊缝金属。根据工件的化学成分、力学性能选用相应成分或性能的焊丝，有时也可以用被焊板上切下的条料做焊丝。

焊丝的选择原则与电弧焊基本相同，其直径与焊件需要大致相适应。

焊粉的主要作用是保护熔池金属，去除焊接过程中产生的氧化物，改善焊缝性能。气焊低碳钢时，可不用焊粉。

气焊不锈钢、耐热钢时选用"粉101"。

气焊铸铁时选用"粉201"。

气焊铜及其合金时选用"粉301"。

气焊铝及其合金选用"粉401"。

一点通

焊接有色金属、铸铁、不锈钢时，还需要采用焊粉（溶剂）。

8.1.8 胶管

氧气胶管与乙炔胶管不能够混用，一般氧气胶管为红色，乙炔胶管为黑色、蓝色，如图8-7所示。

红色氧气胶管 不可调换使用 蓝色乙炔胶管

图8-7 胶管

漏气、老化的胶管，需要及时切除更换，严禁使用胶布或带油脂的东西进行包扎。氧气胶管和乙炔胶管，需要远离火源和灼热的物体。

气焊胶管严禁与电焊把线缠绕，以防止过热或焊把点火引燃胶管。

乙炔胶管在使用中因脱落、破裂而着火时，可以迅速采取弯折胶管的方法将火熄灭。氧气胶管着火时，应迅速关闭氧气阀门停止供气，禁止采用弯折胶管的方法来灭火。

一点通

禁止手持连接胶管的焊枪爬梯、登高。高处作业时，需要使用标准的阻燃安全带，并且需要移出作业点下方的易燃易爆物品，以及有专人监护。另外，严禁在带压的容器或管道进行切割。

8.1.9 气焊设备焊接、切割及相关工艺设备用软管

软管组件是接头芯插入软管端部，并用软管卡箍固定的软管与接头的连接组件，如图8-8所示。应采用使用耐腐蚀材料制作或做防腐处理的软管卡箍。

进行连接时，软管外部应无切口、磨损、任何其他损伤。软管内部应无污垢、滑石粉、橡胶碎片、其他可能干扰正常气流和设备操作安全的

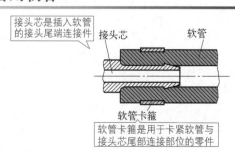

接头芯是插入软管的接头尾端连接件 接头芯 软管

软管卡箍 软管卡箍是用于卡紧软管与接头芯尾部连接部位的零件

图8-8 软管组件

碎屑、杂质。

软管组件接头芯尺寸，如图 8-9 所示。

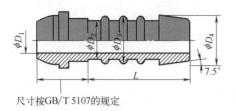

尺寸按GB/T 5107的规定

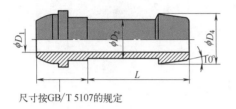

尺寸按GB/T 5107的规定

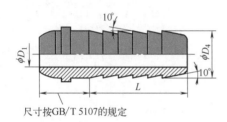

尺寸按GB/T 5107的规定

图 8-9　软管组件接头芯尺寸

软管通径	L_{min}	D_{1max}	单位：mm
5	20.5	4.1	
6.3	20.5	5.2	
8	25.5	6.2	
10	25.5	8.2	
12.5	32.5	10.2	
16	32.5	12.2	
20	37.5	15.2	

软管通径	$D_{2-0.2}^{0}$	$D_{3-0.2}^{0}$	$D_{4\,max}$
5	5.35	6.3	7.25
6.3	6.65	7.6	8.55
8	8.35	9.3	10.25
10	10.35	11.3	12.25
12.5	12.85	13.8	14.75
16	16.35	17.3	18.25
20	20.35	21.3	22.25

一点通

进行软管组件连接时，不应使用黏性润滑剂或填充膏等润滑接头芯或软管。接头芯应与软管相匹配，并通过软管卡箍紧固。

8.1.10　气焊火焰

氧乙炔焰的种类有中性焰、碳化焰、氧化焰等，如图 8-10 所示。调节氧气、乙炔气体的不同混合比例可得到中性焰、氧化焰、碳化焰三种性质不同的火焰。

在气焊操作时，调节焊炬的氧气阀、乙炔阀，可以改变氧和乙炔的比例而得到三种不同性质的火焰。

氧乙炔焰的比较见表 8-2。

表 8-2　氧乙炔焰的比较

氧乙炔焰	碳化焰	氧化焰	中性焰
适用材料	含碳量较高的高碳钢、铸铁、硬质合金、高速钢	一般不采用	低碳钢、中碳钢、低合金钢、不锈钢、纯铜、铝及铝合金
氧乙炔混合比	< 1	> 1.2	1 ～ 1.2
最高温度	2700 ～ 3000℃	3100 ～ 3300℃	3000 ～ 3150℃

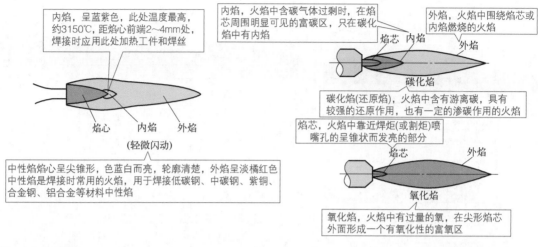

内焰，呈蓝紫色，此处温度最高，约3150℃，距焰心前端2~4mm处，焊接时应用此处加热工件和焊丝

焰心　内焰　外焰

(轻微闪动)

中性焰焰心呈尖锥形，色蓝白而亮，轮廓清楚，外焰呈淡橘红色
中性焰是焊接时常用的火焰，用于焊接低碳钢、中碳钢、紫铜、合金钢、铝合金等材料中性焰

内焰，火焰中含碳气体过剩时，在焰芯周围明显可见的富碳区，只在碳化焰中有内焰

外焰，火焰中围绕焰芯或内焰燃烧的火焰

焰芯　内焰

外焰

碳化焰

碳化焰(还原焰)，火焰中含有游离碳，具有较强的还原作用，也有一定的渗碳作用的火焰

焰芯，火焰中靠近焊炬(或割炬)喷嘴孔的呈锥状而发亮的部分

焰芯

外焰

氧化焰

氧化焰，火焰中有过量的氧，在尖形焰芯外面形成一个有氧化性的富氧区

图8-10　气焊火焰

中性焰温度分布如图8-11所示。

8.1.11　气焊基本操作要领

气焊基本操作要领如下。

① 开始工作前，可以用肥皂水检查氧气瓶瓶阀、乙炔瓶瓶阀、减压阀、胶管接口等部位是否漏气，气严禁采用明火进行检验。

② 点火时，先稍微开氧气阀门，然后打开乙炔阀门，随后可以点燃火焰（例如点火枪点火）。这时的火焰一般是碳化焰。再逐渐开大氧气阀门，将碳化焰调整成中性焰。同时，根据需要把火焰大小、形状调整合适。

③ 灭火时，应先关乙炔阀门，后关氧气阀门，以防止发生回火和产生烟灰。

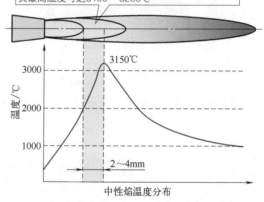

中性焰的焰心色白明亮，轮廓清楚。内焰微微可见，和外焰没有明显的界限，只从颜色上可以略加区别。其最高温度可达3100~3200℃

3150℃

温度/℃

2~4mm

中性焰温度分布

图8-11　中性焰温度分布

如果调整不正常或有灭火现象，则应检查是否漏气或管路堵塞，并进行修理。如果发生回火，则应迅速关闭乙炔调节手轮，再关闭氧气调节手轮。等回火熄灭后，将焊（割）嘴放入水中冷却，再打开氧气吹除焊（割）炬内的烟灰，然后重新点火。

如果是在紧急情况下，可将焊（割）炬上的乙炔胶管拔下来。为此，一般要求氧气胶管必须与焊炬连接牢固，乙炔胶管与焊（割）炬接头连接避免太紧，以不漏气并容易接上或拔下为准即可。

一点通

气瓶的开启必须使用专用的扳手，禁止使用普通扳手，也不可用锤子或其他工具敲击。点火时，焊枪口不准对人，不得利用电焊点火。正在燃烧中的焊枪不准离手放下。

8.1.12　气焊接头的类型

气焊接头的类型如图 8-12 所示。气焊接头的类型与其他常见焊接基本相同。

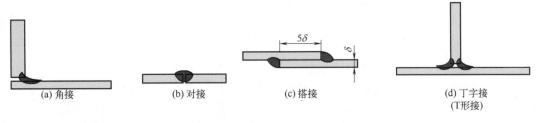

(a) 角接　　　(b) 对接　　　(c) 搭接　　　(d) 丁字接
(T形接)

图 8-12　气焊接头的类型

8.1.13　气焊方法

气焊方法有右向焊法和左向焊法，如图 8-13 所示。

右向焊法：右向焊时，焊炬指向已完成的焊缝。焊接过程自左向右，焊炬在焊丝前面移动。

左向焊法：左向焊时，焊炬指向待焊部位，焊接过程自右向左，焊炬在焊丝后面移动。

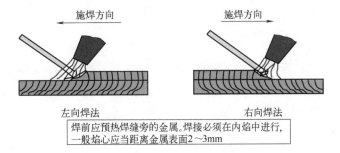

左向焊法　　　　　　右向焊法

焊前应预热焊缝旁的金属。焊接必须在内焰中进行，
一般焰心应当距离金属表面2～3mm

图 8-13　气焊方法

8.1.14　气焊平焊

气焊平焊操作要领如图 8-14 所示。

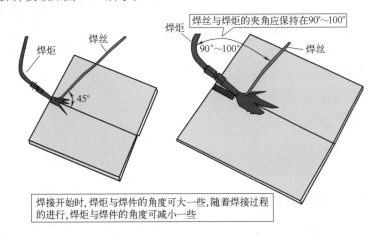

焊接开始时，焊炬与焊件的角度可大一些，随着焊接过程
的进行，焊炬与焊件的角度可减小一些

图 8-14　气焊平焊操作要领

8.1.15 气焊立焊

气焊立焊操作要领如图 8-15 所示。气焊立焊，应控制熔池温度，向上倾斜与焊件构成 60° 角，不使熔化金属下淌。

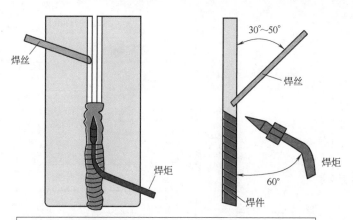

气焊立焊，其火焰能量较平焊小一些，应控制熔池温度，向上倾斜与焊件构成60°角，以借助火焰气流的吹力托住熔池，不使熔化金属下淌

图 8-15 气焊立焊操作要领

8.1.16 气焊横焊

气焊横焊，使用较小的火焰能量控制熔池的温度，如图 8-16 所示。

8.1.17 气焊仰焊

气焊仰焊，使用较小的火焰能量控制熔池温度与面积，有利于熔化金属快速凝固，如图 8-17 所示。

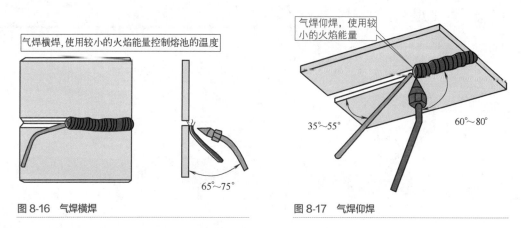

图 8-16 气焊横焊

图 8-17 气焊仰焊

8.1.18 黄铜氧乙炔焊的坡口形式与尺寸

黄铜氧乙炔焊的坡口形式与尺寸见表 8-3。

表 8-3　黄铜氧乙炔焊的坡口形式与尺寸

厚度 T/mm	坡口名称	坡口形式	坡口尺寸			说明
			间隙 c /mm	钝边 p /mm	坡口角度 α （β）/ (°)	
≤ 2	卷边		0	—	—	不加填充金属
≤ 3	I 形坡口		0 ～ 4	—	—	单面焊
3 ～ 6			3 ～ 5	—	—	双面焊，但是不得两侧同时焊
3 ～ 12	V 形坡口		3 ～ 6	0	60 ～ 70	—
> 6	V 形坡口		3 ～ 6	0 ～ 3	60 ～ 70	—
> 8	X 形坡口		3 ～ 6	0 ～ 4	60 ～ 70	不得两侧同时焊

8.2　气割

8.2.1　氧气割原理

　　气割是利用可燃气体与氧燃烧时放出的热量将金属预热到燃点，使其在纯氧气流中燃烧，并且利用高压氧流将燃烧的氧化熔渣从切口中吹掉，从而达到分离金属的目的，如图 8-18 所示。

　　气割的实质是铁在纯氧中的燃烧过程，而不是熔化过程。

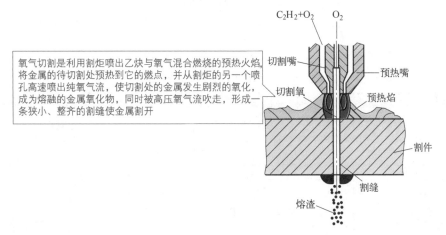

氧气切割是利用割炬喷出乙炔与氧气混合燃烧的预热火焰，将金属的待切割处预热到它的燃点，并从割炬的另一个喷孔高速喷出纯氧气流，使切割处的金属发生剧烈的氧化，成为熔融的金属氧化物，同时被高压氧气流吹走，形成一条狭小、整齐的割缝使金属割开

图 8-18　气割

8.2.2 割炬

气割时所用的设备器具除了割炬（气割枪）外其他与气焊相同。割炬如图 8-19 所示。

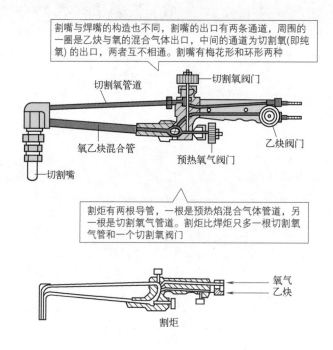

割嘴与焊嘴的构造也不同，割嘴的出口有两条通道，周围的一圈是乙炔与氧的混合气体出口，中间的通道为切割氧(即纯氧) 的出口，两者互不相通。割嘴有梅花形和环形两种

切割氧管道　　切割氧阀门

氧乙炔混合管　　预热氧气阀门　　乙炔阀门

切割嘴

割炬有两根导管，一根是预热焰混合气体管道，另一根是切割氧气管道。割炬比焊炬只多一根切割氧气管和一个切割氧阀门

氧气
乙炔

割炬

图 8-19　割炬

8.2.3 气割的条件

气割的条件如图 8-20 所示。一些常用的金属及其氧化物的熔点见表 8-4。

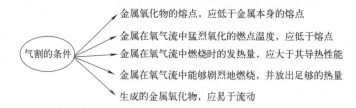

气割的条件

金属氧化物的熔点，应低于金属本身的熔点

金属在氧气流中猛烈氧化的燃点温度，应低于熔点

金属在氧气流中燃烧时的发热量，应大于其导热性能

金属在氧气流中能够剧烈地燃烧，并放出足够的热量

生成的金属氧化物，应易于流动

图 8-20　气割的条件

表 8-4　一些常用的金属及其氧化物的熔点

金属名称	金属熔点 /℃	金属氧化物熔点 /℃
纯铁	1538	1370 ～ 1565
低碳钢	约 1500	1370 ～ 1565
高碳钢	1300 ～ 1400	1370 ～ 1565
铬	1550	1990
黄铜	850 ～ 900	1236
铝	658	2050
镍	1452	1990
锡青铜	850 ～ 900	1236
锌	419	1800
铸铁	约 1200	1370 ～ 1565

8.2.4　气割的过程

气割的过程如图 8-21 所示。工作时，先点燃预热火焰，使工件的切割边缘加热到金属的燃烧点，然后开启切割氧气阀门进行切割。

气割，根据钢板厚度选用割嘴（表 8-5），根据规定调节工艺规范、检查切割氧流线（风线）。

气割流线应为笔直清晰的圆柱体，如果流线不规则，则要关闭所有阀门，修整割嘴。工作时，应常用针疏通割嘴。若割嘴过热，则应浸入水中冷却。

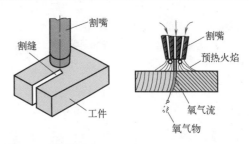

图 8-21　气割的过程

表 8-5　割嘴选用

割嘴型号	板厚 /mm	嘴号	氧气工作压力 /MPa	乙炔工作压力 /MPa	可见切割氧流长度 /mm
Go1-30	3 ～ 30	1	0.20	0.001 ～ 0.1	60
		2	0.25		70
		3	0.30		80
Go1-300	10 ～ 100	1	0.30	0.001 ～ 0.1	80
		2	0.40		90
		3	0.50		100
Go1-300	100 ～ 300	1	0.50	0.001 ～ 0.1	110
		2	0.65		130
		3	0.80		150
		4	1.0		170
Go2-100	3 ～ 100	1	0.20	0.04	60
		2	0.25	0.94	70
		3	0.30	0.05	80
		4	0.40	0.05	90
		5	0.50	0.06	100
Go2-300	3 ～ 300	1	0.20	0.04	60
		2	0.25	0.04	70
		3	0.30	0.05	80
		4	0.40	0.05	90
		5	0.50	0.06	100
		6	0.50	0.06	110

一点通

符合气割条件的金属：纯铁、低碳钢、中碳钢、低合金钢以及钛等。铸铁、不锈钢、铝和铜等，则必须采用特殊的气割方法（例如等离子切割等）。

8.2.5　气割的要求

气割的一些要求如下。

① 气割工件采用氧化焰，火焰的大小需要根据工件的厚度适当调整。

② 气割时，割嘴对准气割线一端加热工件到熔融状态，然后开快风使金属充分燃烧，工件烧穿后再开始沿气割线移动割嘴。

③ 切割如割圆等要在钢板中间开始的情况，则应在钢板上先割出孔，如果钢板较厚可先钻孔，然后由孔开始切割。

④ 气割厚板时，割嘴垂直于工件，需要距表面 3 ～ 5mm。切割终了，割嘴向切割方向的反向倾斜 5°～ 10°，以有利收尾时割缝整齐。

⑤ 气割薄板时，割嘴不能垂直于工件，需要偏斜 5°～ 10°，火焰能率要小，以及气割速度要快。

⑥ 用拖轮切割弧线时，割枪不可抬太高，尤其割小弧线厚板需要使割枪与工件平行。

⑦ 气割完毕后，需要除去熔渣，以及对工件进行检查。

气割特殊钢材，需要根据工艺要求来进行。气割切口表面需要光滑干净，粗细纹路一致，气割切口宽窄一致，气割切口的钢板边缘棱角没有熔化等现象。

8.2.6　后拖量

气割后拖量图示如图 8-22 所示。

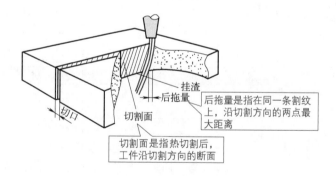

图 8-22　气割后拖量图示

气焊不适于焊接厚的工件。气焊可以焊接很薄的工件。在电力不足的地方需要焊接时，气焊可发挥更大的作用。

8.2.7　气割缺陷产生原因与防止方法

气割缺陷产生原因与防止方法见表 8-6。

表 8-6　气割缺陷产生原因与防止方法

常见缺陷	产生原因	防止方法
切口过宽且表面粗糙	可能是由于气割氧气压力过大引起的	气割时，需要将切割氧气压力调整适宜
切口表面不齐或棱角熔化	可能是预热火焰过强，或切割速度过慢引起的	为了保证切口规则，预热火焰能率大小需要适宜
切口后拖量大	切割速度过快致使切割后拖量过大，不易切透，严重时会使熔渣向上飞，发生回火	切割时，根据熔渣流动情况进行判断，采用合理的切割速度

一点通

　　提高气割切口表面质量的途径：切割氧气压力大小要适当、预热火焰能率要适当、气割速度要适当。

8.3　气焊气割的安全与气瓶爆炸的原因

8.3.1　气焊气割的安全要点

气焊气割的安全要点见表 8-7。

表 8-7　气焊气割的安全要点

项目	解　释
软管	（1）不得使用有回火现象的软管 （2）焊接和切割作业时，只能够使用专用软管将氧乙炔焊枪连接到供气装置上 （3）软管连接必须要紧密，以确保压力达到系统减压阀最大输出压力的两倍时不会发生漏气现象 （4）使用软管要小心处理，使之不得扭结或绞缠，不得踏踩或造成其他的损害 （5）氧气、乙炔必须使用不同颜色的软管，最好管径也不同 （6）焊炬和割炬上装接的可燃气与氧气胶管严禁颠倒位置和混用
高压气瓶	（1）气瓶上必须张贴标示，清楚标明所盛装的介质、公司、负责人 （2）使用气瓶时需要安装的装置有：高压表、减压阀配调压器与安全泄压装置、低压表等 （3）气瓶需要由专业人员进行检测：第一次使用前检查、定期检查、维修后使用前检查等
气瓶的储存	（1）放有气瓶的储存室，应在室外张贴适当的危险警告牌 （2）空的气瓶需要标出"空瓶"字样后立即从存贮地点撤出 （3）空瓶需要与盛满气体的气瓶分开 （4）气瓶不使用或隔断时，应有保护阀盖 （5）气瓶储存区内，应配备符合规格要求的灭火器，并且储存室应通风良好 （6）气瓶储存室内尽量减少气瓶储存数量 （7）气瓶储存室内不得有人吸烟，不得有任何明火 （8）气瓶储存室应有防火隔墙 （9）气瓶上不应放置任何工具、其他物体 （10）气瓶需要根据气体类型分类存放 （11）气瓶需要与带电导体、设备保持一定的安全距离 （12）气瓶应固定，具有防坠落滚等措施 （13）气瓶应距可燃物质、散热器、其他热源一定的安全距离 （14）气瓶在温度过度变化、太阳直射、持续潮湿等环境中，应做必要、有效保护 （15）盛放可燃气体的气瓶，不得放置在焊接或切割作业房间，使用时除外 （16）为了避免危险，气瓶与乙炔瓶及其他可燃气瓶间，需要有防火隔墙 （17）无论空瓶或盛满介质，气瓶静止时都需要保持直立状态，不可倾倒放置 （18）氧气瓶，需要与燃气瓶或可燃材料保持至少 6m 的安全距离，或用 2m 高、最低 0.5h 耐火时效的防火墙隔断

续表

项目	解　释
搬运气瓶	（1）不得以敲击、坠落、滚动、其他剧烈方式搬运气瓶 （2）气瓶的移动，需要采用专用推车 （3）气体罐阀门不应用锤击或其他剧烈方式开启，需要缓慢打开 （4）乙炔瓶应用专用工具缓慢开启，之后将工具挂在柄上，准备紧急情况发生时使用
安全使用气瓶	（1）使用时，气瓶应用背带、垫圈或链条保持直立状态 （2）焊工不得拍击或试图修理气瓶 （3）焊工不得拍击或试图修理气瓶的安全装置、安全阀 （4）阀门上装调器后可开气使用 （5）乙炔气瓶连接时，需要在气瓶与连接器间，或在连接器与调压器间接回火阀 （6）气瓶需要使用盛放气体专用的调压器，以确保压力表工作良好 （7）气瓶阀门应无油迹、无油污、无灰尘、无污物等 （8）压缩空气气瓶不应带入封闭区、建筑物室内或放置于脚手架上 （9）气瓶阀门不用时，需要用保护盖关闭固定 （10）气瓶使用前，需要安装适合的调压器 （11）气焊或者气割时，一定要在一个通风环境好的地方。有些特殊情况，还需要戴防毒面具或者呼吸机

 一点通

点火前，需要检查焊炬、割炬的射吸性能。方法与操作顺序为：首先连接氧气胶管，然后打开乙炔阀门，再打开氧气阀门，用手指堵在乙炔气进口位置。如果感到有一定的吸力，则说明性能正常。否则，说明不正常，进行检查处理好才能够使用。

8.3.2　气瓶发生爆炸事故的原因

气瓶发生爆炸事故的原因如下。

① 搬用装卸时，气瓶从高处坠落、倾倒、滚动等，发生剧烈碰撞冲击引起的。

② 保管、使用不善，受阳光暴晒、明火、热辐射等作用，使瓶温过高，压力剧增，直到超过瓶体材料强度极限，发生爆炸。

③ 放气速度太快，气体迅速流经阀门时产生静电火花引起的。

④ 气瓶充灌过满，受热时瓶内压力过高引起的。

⑤ 气瓶的材质、结构、制造工艺不符合安全要求引起的。

⑥ 氧气瓶上沾有油脂，在输送氧气时急剧氧化可燃气瓶发生漏气引起的。

⑦ 乙炔瓶处于卧放状态，或者是大量使用乙炔时出现丙酮随同流出引起的。

⑧ 乙炔瓶内多孔物质下沉，产生净空间，使乙炔瓶处于高压状态引起的。

 一点通

焊接与气割的主要危险是火灾、爆炸。焊接时，焊剂产生的燃烧产物也可能引起焊工中毒。

第**9**章

CO₂ 气体保护焊

9.1 CO₂ 气体保护焊基础知识与常识

9.1.1 气体保护焊的定义及分类

气体保护焊称为气体保护电弧焊，简称气体保护焊、气保焊，其就是用外加气体作为电弧介质并保护电弧和焊接区。

常用的保护气体有二氧化碳（CO_2）、氩气（Ar）、氦气（He）及它们的混合气体（CO_2+Ar、CO_2+Ar+He……）等。

常见的气保焊有二氧化碳气体保护焊、惰性气体保护焊等，如图 9-1 所示。

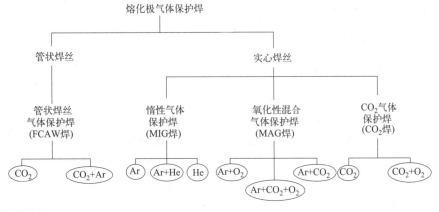

图 9-1　气保焊的分类

氩气保护焊主要用于焊接铝、钛、不锈钢等材料。埋弧焊用焊丝焊接，用焊剂保护。焊剂像沙子一样把电弧埋住。埋弧焊主要用于焊接厚板。二氧化碳或氩气保护焊不用焊条，而用焊丝。

9.1.2　CO_2 气体保护焊的概念

CO_2 气体保护焊就是利用 CO_2 作为保护气体的气体保护焊。也就是说，CO_2 气体保护焊使用焊丝来代替焊条，经过送丝轮，通过送丝软管送到焊枪，经导电嘴导电，在 CO_2 气氛中与母材间产生电弧，靠电弧热量进行焊接。

$$CO_2 \xrightarrow[\text{电弧高温}]{\text{分解}} CO+O$$

$$CO_2 + \text{液态金属} \xrightarrow[\text{氧化}]{} CO$$

图 9-2　CO_2 气体保护焊在焊接时产生的 CO

CO_2 的保护作用主要是使焊接区与空气隔离，防止空气中的氮气对熔化金属的有害作用。

CO_2 保护焊的电弧温度为 6000～10000℃，具有强烈弧光辐射等特点。CO_2 气体保护焊在焊接时产生的 CO 浓度最高，如图 9-2 所示。

CO_2 气体的特点见表 9-1。

表 9-1　CO_2 气体的特点

项目	特　点
纯度	纯度要求大于 99.5%，含水量小于 0.05%
存储	瓶装（液态），每瓶可装入 25～30kg 液态 CO_2
加热	气化过程中大量吸收热量
流量	大于 200A：气体流量为 20～25L/min 小于 200A：气体流量为 15～20L/min
容量	每千克液态 CO_2 可释放 510L 气体，一瓶液态二氧化碳可释放 15000L 左右气体，可使用 10～16h
提纯	静置 30min，倒置放水分，正置放杂气，重复两次
性质	无色、无味、无毒，是空气密度的 1.5 倍，比水轻

9.1.3　CO_2 气体保护焊术语

CO_2 气体保护焊术语见表 9-2。

表 9-2　CO_2 气体保护焊术语

术语	解　释
保护气体气路系统	保护气体气路系统是指向电弧区提供保护气体的系统，包括气瓶、加热器、减压阀、流量计、气阀、气路等
层流	层流是指保护气体在喷嘴内和喷嘴外的一定距离做有规则的层状流动
工件运行机构	工件运行机构是指自动焊过程中使工件按照要求的轨迹运行的机构
焊丝伸出长度	焊丝伸出长度是指焊接过程中焊丝伸出导电嘴的长度
连接电缆	连接电缆是指焊机外部全部导电软线的总称，包括电源电缆、焊接电缆、控制电缆等

9.1.4　半自动 CO_2 弧焊机及附属设备

半自动 CO_2 弧焊机及附属设备如图 9-3 所示。

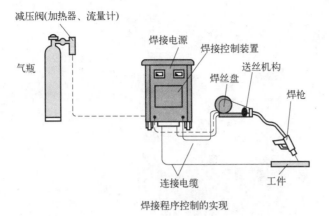

图 9-3　半自动 **CO₂** 弧焊机及附属设备

9.1.5　自动焊机及附属设备

自动焊机及附属设备如图 **9-4** 所示。

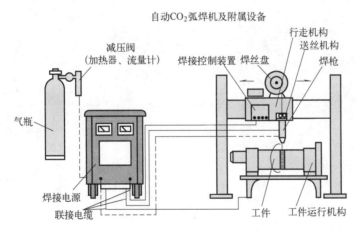

图 9-4　自动焊机及附属设备

9.1.6　焊机

焊机如图 **9-5** 所示。

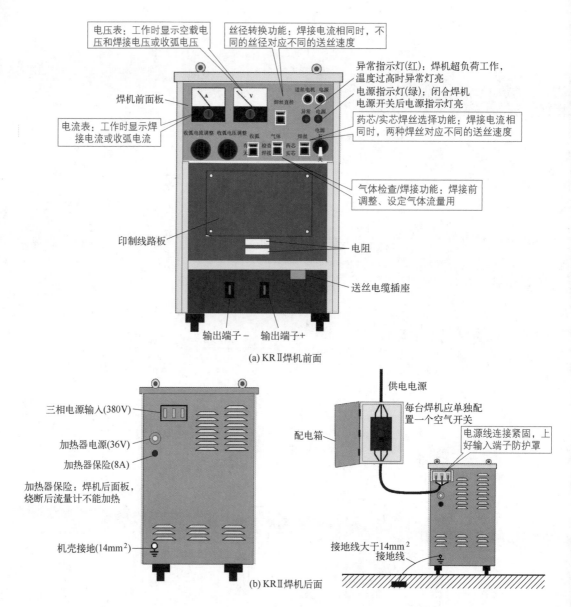

图 9-5 焊机

9.1.7 焊机接线

焊机接线如图 9-6 所示。

9.1.8 焊枪

焊枪是直接用于完成焊接工作的工具，如图 9-7 所示。焊枪作为电极传递焊接电流；经送丝软管和一线制电缆向焊接部位输送焊丝和气体；通过微动开关向焊机发出焊接控制命令等。

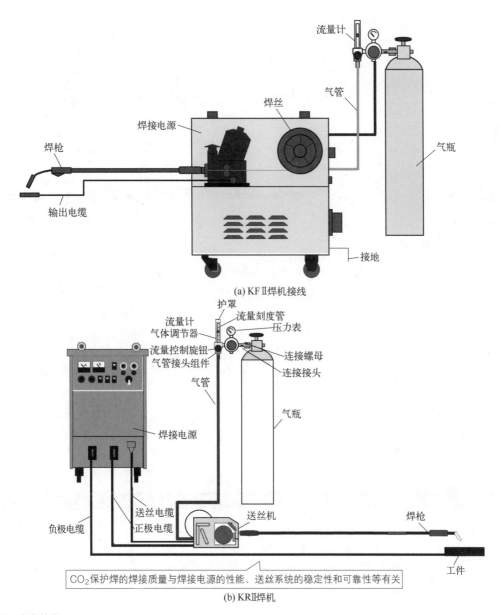

流量计

气管

气瓶

焊丝

焊接电源

焊枪

输出电缆

接地

(a) KF Ⅱ焊机接线

护罩

流量刻度管

流量计
气体调节器

压力表

流量控制旋钮

连接螺母

气管接头组件

连接接头

气管

气瓶

焊接电源

送丝电缆

送丝机

焊枪

正极电缆

负极电缆

工件

CO₂保护焊的焊接质量与焊接电源的性能、送丝系统的稳定性和可靠性等有关

(b) KR Ⅱ焊机

图 9-6　焊机接线

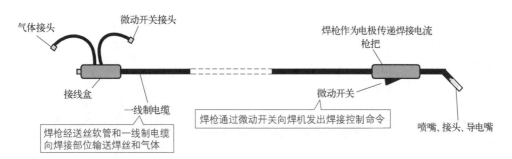

气体接头

微动开关接头

焊枪作为电极传递焊接电流

枪把

接线盒

微动开关

一线制电缆

焊枪通过微动开关向焊机发出焊接控制命令

喷嘴、接头、导电嘴

焊枪经送丝软管和一线制电缆向焊接部位输送焊丝和气体

图 9-7　焊枪

焊接过程中，焊枪的高度和角度保持一致。焊枪的操作如图9-8所示。

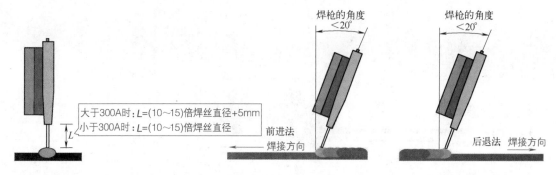

图9-8　焊枪的操作

9.1.9　CO_2气体保护焊焊丝

CO_2是一种氧化性气体，在电弧高温区分解为一氧化碳和氧气，具有强烈的氧化作用，使合金元素烧损。所以，进行CO_2气体保护焊时为了防止气孔、减少飞溅与保证焊缝较高的力学性能，必须采用含有Si、Mn等脱氧元素的焊丝。

CO_2气体保护焊使用的焊丝既是填充金属又是电极，所以既要保证焊丝具有一定的化学性能与力学性能，又要保证其具有良好的导电性能与工艺性能。

CO_2焊丝可以分为实芯焊丝、药芯焊丝等种类。

（1）实芯焊丝

实芯焊丝的型号、特征、适用范围见表9-3。

表9-3　实芯焊丝的型号、特征、适用范围

焊丝型号	特征、适用范围
$H08Mn_2SiA$	冲击值高、送丝均匀、导电性好
$H04Mn_2SiTiA$	脱氧、脱氮、抗气孔能力强，适用于200A以上电流
$H04Mn_2SiAlTiA$	脱氧、脱氮、抗气孔能力更强，适用于填充和CO_2-O_2混合气体保护焊
$H08MnSiA$	MAG焊

实芯焊丝的含义如图9-9所示。

图9-9　实芯焊丝的含义

一点通

为了提高导电性能及防止焊丝表面生锈，一般在焊丝表面采用镀铜工艺，要求镀层均匀，附着力强，总含铜量不得大于0.35%。

实芯焊丝不同焊丝直径使用电流范围见表 9-4。

表 9-4　实芯焊丝不同焊丝直径使用电流范围

焊丝直径 /mm	电流范围 /A	适用板厚 /mm
0.6	40 ～ 100	0.6 ～ 1.6
0.8	50 ～ 150	0.8 ～ 2.3
0.9	70 ～ 200	1.0 ～ 3.2
1.0	90 ～ 250	1.2 ～ 6
1.2	1 20 ～ 350	2.0 ～ 10
1.6	> 300	> 6.0

焊丝熔化速度和焊接电流的关系见表 9-5。

表 9-5　焊丝熔化速度和焊接电流的关系

焊丝直径 /mm	使用电流范围 /A	焊丝熔化速度 /（g/min）
0.8	50 ～ 150	10 ～ 50
0.9	70 ～ 200	10 ～ 60
1.0	90 ～ 250	10 ～ 80
1.2	120 ～ 350	20 ～ 120
1.6	140 ～ 500	40 ～ 160

（2）药芯焊丝

使用药芯焊丝焊接时，通常用 CO_2 或 CO_2+Ar 气体作为保护气体。药芯焊丝与实芯焊丝的区别主要在于焊丝内部装有焊剂混合物。

药芯焊丝是由 08A 冷轧薄钢带光亮退火后，再经轧机纵向折叠、加粉、拉拔而成的，其横截面有"O"形、"T"形、梅花形等多种形状，如图 9-10 所示。

药芯焊丝是由08A冷轧薄钢带光亮退火后，再经轧机纵向折叠加粉、拉拔而成的

梅花形　　"O"形　　"T"形

图 9-10　药芯焊丝横截面形状

　一点通

药芯焊丝的焊剂成分和焊条的药皮类似，含有造渣剂、稳弧剂、脱氧剂、铁合金等，起着掺合金、造渣保护熔池、稳弧等作用。根据焊剂成分，药芯焊丝可分为二氧化钛型、碱性型等种类。药芯焊丝直径有 1.2mm、1.6mm、2mm、2.4mm、3.2mm 等。药芯焊丝主要用于低碳钢、低合金钢的焊接。

9.1.10　送丝软管

送丝软管担负着从送丝机向焊枪输送焊丝的任务，送丝软管的要求如图 9-11 所示。送丝软管的使用要求如图 9-12 所示。

9.1.11　导电嘴

导电嘴是直接向焊丝传递电流的零件，导电嘴内孔与焊丝接触而导电，导电嘴外表面与喷嘴内壁间流过保护气体。导电嘴的要求如图 9-13 所示。

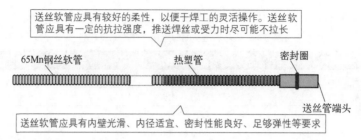

图 9-11　送丝软管的要求

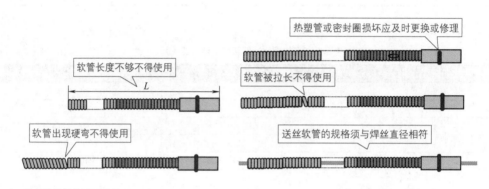

图 9-12　送丝软管的使用要求

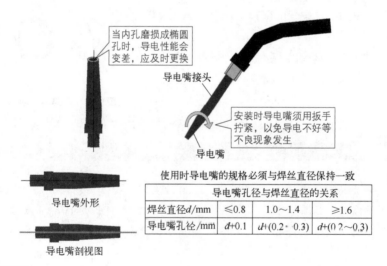

图 9-13　导电嘴的要求

9.2　CO_2 气体保护焊焊接工艺参数

9.2.1　焊丝直径与焊丝伸出长度

一般情况下，CO_2 气体保护焊焊接工艺参考选用焊丝直径范围见表 9-6。

表 9-6　**CO₂ 气体保护焊焊接工艺焊丝直径范围**　　　　单位：mm

母材厚度	≤ 4	> 4
焊丝直径	0.5 ~ 1.2	1.0 ~ 1.6

　　焊丝伸出长度与焊丝直径、焊接电流、焊接电压有关。焊接过程中，导电嘴到母材间的距离一般为焊丝直径的 10 ~ 15 倍。

9.2.2　焊接电流

　　在保证母材焊透又不致烧穿的原则下，需要根据母材厚度、接头形式、焊丝直径正确选用焊接电流。

　　各种直径的焊丝常用的焊接电流范围见表 9-7。

表 9-7　**各种直径的焊丝常用的焊接电流范围**

焊丝直径 /mm	0.5	0.6	0.8	1.0	1.2	1.6
焊接电流 /A	30 ~ 70	49 ~ 90	50 ~ 120	70 ~ 180	90 ~ 350	150 ~ 500

　　立焊、仰焊时，以及对接接头横焊焊缝表面焊道的施焊，当所用焊丝直径大于或等于 1mm 时，需要选用较小的焊接电流，见表 9-8。

表 9-8　**立焊、仰焊时焊接电流的范围**

焊丝直径 /mm	1.0	1.2
焊接电流 /A	70 ~ 120	90 ~ 150

9.2.3　电弧电压

　　电弧电压必须与焊接电流合理匹配。不同直径的焊丝常用电流与相应电弧电压的匹配关系，如图 9-14 和表 9-9 所示。提高电弧电压，可以显著增大焊缝宽度。

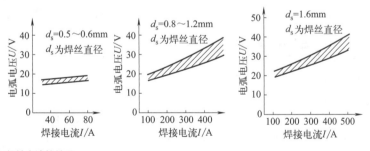

图 9-14　**电弧电压与焊接电流的关系**

表 9-9　**焊接电流与电弧电压匹配的最佳值**

焊接电流范围 /A	电弧电压（平焊）/V	电弧电压（横焊、立焊和仰焊）/V
75 ~ 120	18 ~ 19	18 ~ 19
130 ~ 170	19 ~ 23	18 ~ 21
180 ~ 210	20 ~ 24	18 ~ 22

CO₂ 气体保护焊焊接过程中，焊接电流与电弧电压间的调节很重要。对于一定的电流范围，一般只有一个最佳电压值。因此，电弧电压与焊接电流间的匹配是比较严格的。施焊时，要正确调节适合焊接电流与电弧电压匹配的最佳值，以获得完美的焊缝成形。

9.2.4　焊接速度与气体流量

半自动焊时，焊接速度一般不超过 30m/h；自动焊时，焊接速度不超过 90m/h。焊接速度应能满足不同种类钢材对焊接线能量的要求。

焊丝直径小于或等于 1.2mm 时，气体流量一般为 6 ～ 15L/min；焊丝直径大于 1.2mm 时，气体流量应取 15 ～ 25L/min。

焊接电流越大，焊接速度越快。在室外焊接以及仰焊时，需要采用较大的气体流量。

9.2.5　产生气孔的现象及原因

产生气孔的现象及原因如图 9-15 所示。

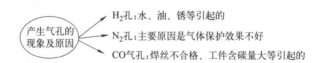

图 9-15　产生气孔的现象及原因

9.3　焊接处理与操作

9.3.1　定位焊

CO₂ 气体保护焊比手弧焊产生的热量更多，强度更大。因此，CO₂ 气体保护焊焊前应定位焊接，如图 9-16 所示。

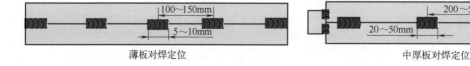

薄板对焊定位　　　　　　　　　　　　中厚板对焊定位

图 9-16　CO₂ 气体保护焊焊前定位焊接

9.3.2　引弧处理与收弧处理

CO$_2$ 气体保护焊大电流焊接结束时会在焊缝尾端产生弧坑，从而产生裂纹等焊接缺陷。因此，为保障焊接质量应进行收弧处理，如图 9-17 所示。

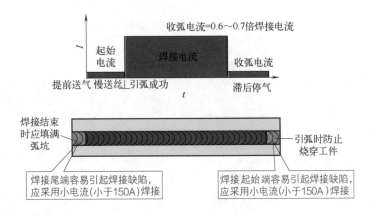

图 9-17　收弧处理

有的焊机有收弧功能开关，如图 9-18 所示。

焊枪开关的操作如图 9-19 所示。

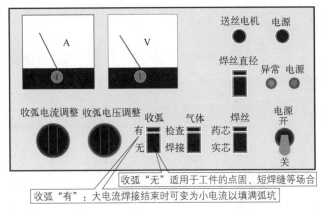

图 9-18　焊机前面板

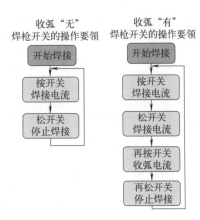

图 9-19　焊枪开关的操作

9.3.3　平焊的连接

平焊的连接如图 9-20 所示。

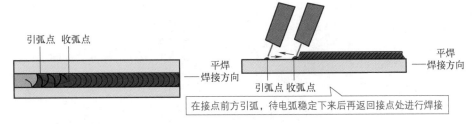

图 9-20　平焊的连接

起始端运丝法对焊缝成形的影响如图 9-21 所示。若采取过短的电弧起焊而造成焊缝成形不整齐，对重要焊件的焊接，还可以在焊件端加引弧板，将引弧时容易出现的缺陷留在引弧板上。

焊缝接头连接时接头的好坏直接影响焊缝质量。焊缝接头连接的方法包括直线焊缝连接和摆动焊缝连接，如图 9-22 所示。

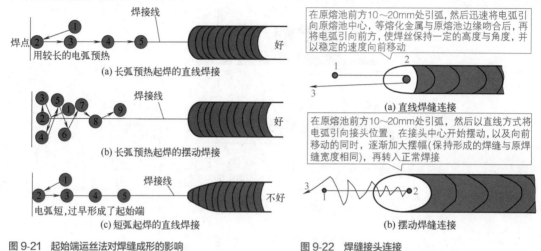

图 9-21　起始端运丝法对焊缝成形的影响

图 9-22　焊缝接头连接

始焊端焊件处于较低的温度，应在引弧后，先将电弧稍微拉长一些，以此对焊缝端部适当预热，再压低电弧进行起始端焊接，这样可以获得具有一定熔深、成形较整齐的焊缝。

9.3.4　立焊的连接

立焊的连接如图 9-23 所示。

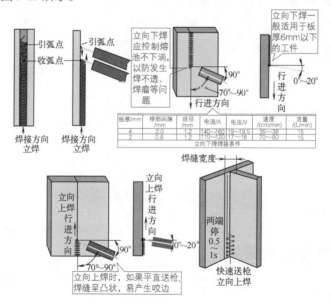

图 9-23　立焊的连接

9.3.5 水平角焊

水平角焊的要求如图 9-24 所示。

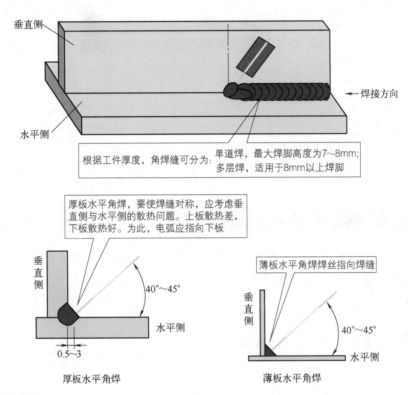

图 9-24　水平角焊的要求

9.3.6 平板对接横焊

横焊中必须使熔池尽量小，使焊道表面尽可能对称。另外可用双道焊，调整焊道表面的形状。因此，通常采用多层多道焊。

平板对接横焊效果如图 9-25 所示。焊道分布如图 9-26 所示。调试好焊接参数，调整好焊枪角度等工作后，可以从右向左进行焊接。横焊时焊枪角度及对中位置如图 9-27 所示。

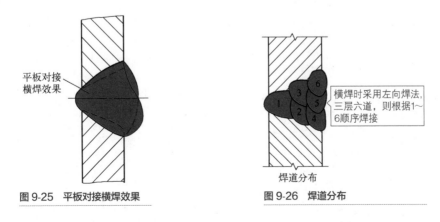

图 9-25　平板对接横焊效果　　　　图 9-26　焊道分布

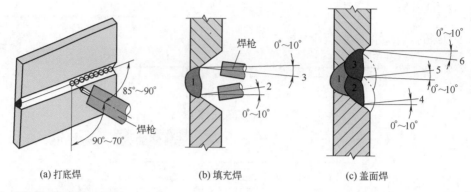

| (a) 打底焊 | (b) 填充焊 | (c) 盖面焊 |

图 9-27   横焊时焊枪角度及对中位置

横焊时，由于焊道较多，因此角变形较大。但是，角变形的大小既与焊接参数有关，又与焊道层数、每层焊道数目、焊道间的间歇时间等有关。通常熔池大、焊道间间歇时间短、层间温度高时角变形大。

9.3.7 CO_2 气体保护焊安全操作技术

CO_2 气体保护焊安全操作技术要求如下。

① 焊工需要穿戴好防护用品，以防止弧光伤害、触电、烧伤、烫伤等。

② 焊工严禁带病工作。

③ 焊机需要可靠接地。

④ 焊机一次电源应由电工负责拆装。

⑤ 在容器内部焊接时，需要有专人监护，并且要良好通风。

⑥ 工作前，需要检查周围环境，以防止火灾和爆炸的发生。

⑦ 送丝时，不可将焊枪对身体部位，以防止焊丝送出伤人。

⑧ 严禁容器带压补焊。

第 3 篇

精通篇

第 **10** 章

焊接识图

10.1 焊接识图基础知识与常识

10.1.1 焊接符号的组成

　　焊接符号的组成，包括基本符号、辅助符号、补充符号、指引线、焊缝尺寸符号等，如图 10-1 所示。

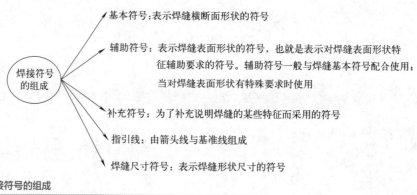

焊接符号的组成

- 基本符号：表示焊缝横断面形状的符号
- 辅助符号：表示焊缝表面形状的符号，也就是表示对焊缝表面形状特征辅助要求的符号。辅助符号一般与焊缝基本符号配合使用；当对焊缝表面形状有特殊要求时使用
- 补充符号：为了补充说明焊缝的某些特征而采用的符号
- 指引线：由箭头线与基准线组成
- 焊缝尺寸符号：表示焊缝形状尺寸的符号

图 10-1　焊接符号的组成

10.1.2 基本符号的基本形式

　　基本符号表示焊缝横截面的基本形式或特征，如图 10-2 所示。基本符号采用近似焊缝横截面形状的符号表示。

卷边焊缝
（卷边完全熔化）
符号

卷边焊缝
（卷边完全熔化）
示意图

I形焊缝
符号

I形焊缝
示意图

V形焊缝
符号

V形焊缝
示意图

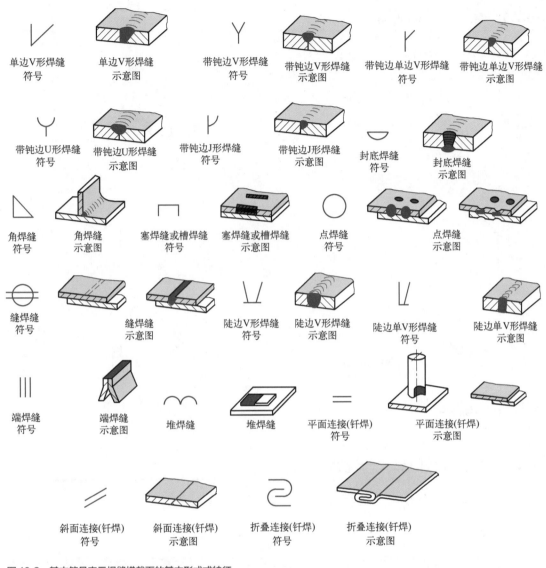

图 10-2　基本符号表示焊缝横截面的基本形式或特征

10.1.3　基本符号的组合

标注双面焊焊缝或接头时，基本符号可以组合使用，如图 10-3 所示。

双面V形焊缝（×焊缝）符号　双面V形焊缝（×焊缝）示意图　双面单V形焊缝（K焊缝）符号　双面单V形焊缝（K焊缝）示意图　带钝边的双面V形焊缝符号　带钝边的双面V形焊缝示意图

带钝边的双面单V形焊缝符号　带钝边的双面单V形焊缝示意图　双面U形焊缝符号　双面U形焊缝示意图

图 10-3　基本符号的组合

10.1.4 基本符号的应用

基本符号的应用如图 10-4 所示。

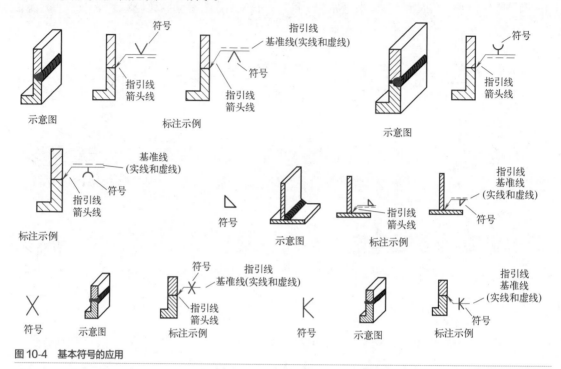

图 10-4 基本符号的应用

10.1.5 补充符号的形式与说明

补充符号用来补充说明有关焊缝或接头的某些特征（例如表面形状、衬垫、焊缝分布、施焊地点等）。补充符号如表 10-1 所示。

表 10-1 补充符号

符 号	名 称	说 明
―	平面	焊缝表面通常经过加工后平整
⌣	凹面	焊缝表面凹陷
⌢	凸面	焊缝表面凸起
⌣	圆滑过渡	焊趾处过渡圆滑
M	永久衬垫	衬垫永久保留
MR	临时衬垫	衬垫在焊接完成后拆除
⊏	三面焊缝	三面带有焊缝
○	周围焊接	沿着工件周边施焊的焊缝 标注位置为基准线与箭头线的交点处
⚑	现场焊缝	在现场焊接的焊缝
<	尾部	可以表示所需的信息

10.1.6　补充符号的应用

补充符号的应用如图 10-5 所示。

平齐的V形焊缝符号　平齐的V形焊缝示意图　　平齐的V形焊缝和封底焊缝符号　平齐的V形焊缝和封底焊缝示意图　凸起的双面V形焊缝符号

凸起的双面V形焊缝示意图　表面过渡平滑的角焊缝符号　表面过渡平滑的角焊缝示意图　凹陷的角焊缝符号　凹陷的角焊缝示意图

图 10-5　补充符号的应用

10.1.7　补充符号的标注应用

补充符号的标注应用如图 10-6 所示。

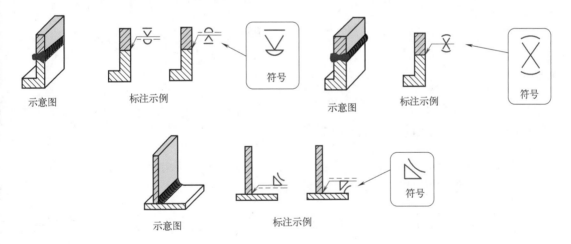

图 10-6　补充符号的标注应用

一点通

　　焊缝符号中，基本符号与指引线为基本要素。焊缝的准确位置通常由基本符号与指引线间的相对位置决定，具体位置包括：箭头线的位置、基准线的位置、基本符号的位置等。

10.1.8　指引线

指引线由箭头线、基准线（实线和虚线）组成，如图 10-7 所示。

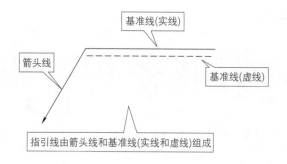

图 10-7　指引线

10.1.9　箭头线

箭头直接指向的接头侧为"接头的箭头侧"，与之相对的则为"接头的非箭头侧"，如图 10-8 所示。

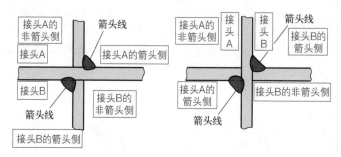

图 10-8　箭头线

10.1.10　基本符号与基准线的相对位置

基准线一般应与图样的底边平行，必要时也可与底边垂直。实线和虚线的位置可根据需要互换。基本符号与基准线的相对位置如图 10-9 所示。

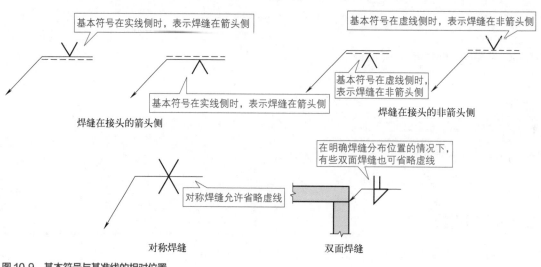

图 10-9　基本符号与基准线的相对位置

10.1.11　尺寸符号

必要时，可以在焊缝符号中标注尺寸。尺寸符号如图 10-10 所示。

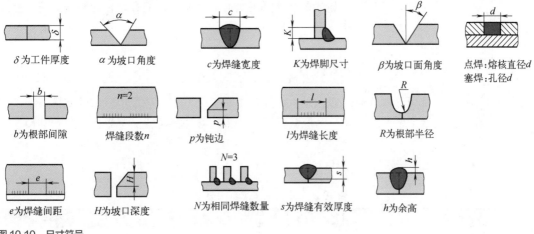

图 10-10　尺寸符号

10.1.12　尺寸的标注

尺寸的一些标注特点如下。

① 当尺寸较多且不易分辨时，可在尺寸数据前标注相应的尺寸符号。

② 横向尺寸标注在基本符号的左侧。

③ 坡口角度、坡口面角度、根部间隙标注在基本符号的上侧或下侧。

④ 确定焊缝位置的尺寸不在焊缝符号中标注，应将其标注在图样上。

⑤ 塞焊缝、槽焊缝带有斜边时，应标注其底部的尺寸。

⑥ 相同焊缝数量标注在尾部。

⑦ 在基本符号的左侧无任何尺寸标注又无其他说明时，意味着对接焊缝应完全焊透。

⑧ 纵向尺寸标注在基本符号的右侧。

尺寸的标注如图 10-11 所示。

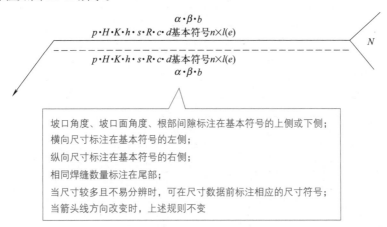

图 10-11　尺寸的标注

一点通

在基本符号的右侧无任何尺寸标注又无其他说明时，意味着焊缝在工件的整个长度方向上是连续的。

10.1.13 焊接与相关工艺方法代号

每种工艺方法都可通过代号加以识别。焊接及相关工艺方法一般采用三位数代号表示。其中，一位数代号表示工艺方法大类，两位数代号表示工艺方法分类，三位数代号表示某种工艺方法。

焊接及相关工艺方法代号见表 10-2。

表 10-2　焊接及相关工艺方法代号

代号	焊接及相关工艺方法	代号	焊接及相关工艺方法
1	电弧焊	71	铝热焊
2	电阻焊	72	电渣焊
3	气焊	73	气电立焊
4	压力焊	74	感应焊
5	高能束焊	75	光辐射焊
7	其他焊接方法	77	冲击电阻焊
8	切割和气刨	78	螺柱焊
9	硬钎焊、软钎焊及钎接焊	81	火焰切割
11	无气体保护的电弧焊	82	电弧切割
12	埋弧焊	83	等离子弧切割
13	熔化极气体保护电弧焊	84	激光切割
14	非熔化极气体保护电弧焊	86	火焰气刨
15	等离子弧焊	87	电弧气刨
18	其他电弧焊方法	88	等离子气刨
21	点焊	91	硬钎焊
22	缝焊	93	其他硬钎焊
23	凸焊	94	软钎焊
24	闪光焊	96	其他软钎焊
25	电阻对焊	97	钎接焊
29	其他电阻焊方法	101	金属电弧焊
31	氧燃气焊	111	焊条电弧焊
41	超声波焊	112	重力焊
42	摩擦焊	114	自保护药芯焊丝电弧焊
44	高机械能焊	121	单丝埋弧焊
45	扩散焊	122	带极埋弧焊
47	气压焊	123	多丝埋弧焊
48	冷压焊	124	添加金属粉末的埋弧焊
51	电子束焊	125	药芯焊丝埋弧焊
52	激光焊	131	熔化极惰性气体保护电弧焊（MIG）

续表

代号	焊接及相关工艺方法	代号	焊接及相关工艺方法
135	熔化极非惰性气体保护电弧焊（MAG）	785	电容放电螺柱焊
136	非惰性气体保护的药芯焊丝电弧焊	786	带点火嘴的电容放电螺柱焊
137	惰性气体保护的药芯焊丝电弧焊	787	带易熔颈箍的电弧螺柱焊
141	钨极惰性气体保护电弧焊（TIG）	788	摩擦螺柱焊
151	等离子 MIG 焊	821	空气电弧切割
152	等离子粉末堆焊	822	氧电弧切割
185	磁激弧对焊	871	空气电弧气刨
211	单面点焊	872	氧电弧气刨
212	双面点焊	911	外线硬钎焊
221	搭接缝焊	912	火焰硬钎焊
222	压平缝焊	913	炉中硬钎焊
225	薄膜对接缝焊	914	浸渍硬钎焊
226	加带缝焊	915	盐浴硬钎焊
231	单面凸焊	916	感应硬钎焊
232	双面凸焊	918	电阻硬钎焊
241	预热闪光焊	919	扩散硬钎焊
242	无预热闪光焊	924	真空硬钎焊
291	高频电阻焊	941	红外线软钎焊
311	氧乙炔焊	942	火焰软钎焊
312	氧丙烷焊	943	炉中软钎焊
313	氢氧焊	944	浸渍软钎焊
441	爆炸焊	945	盐浴软钎焊
511	真空电子束焊	946	感应软钎焊
512	非真空电子束焊	947	超声波软钎焊
521	固体激光焊	948	电阻软钎焊
522	气体激光焊	949	扩散软钎焊
741	感应对焊	951	波峰软钎焊
742	感应缝焊	952	烙铁软钎焊
753	红外线焊	954	真空软钎焊
782	电阻螺柱焊	956	拖焊
783	带瓷箍或保护气体的电弧螺柱焊	971	气体钎接焊
784	短路电弧螺柱焊	972	电弧钎接焊

10.1.14　旧标准中规定的焊接方法代号

旧标准（GB/T 5185—1985）中规定的焊接方法代号，仍可能用于某些特定场合，或者出现在以前的各种文件中。

旧标准焊接方法代号见表 10-3。

表 10-3　旧标准焊接方法代号

代号	焊接及相关工艺方法	代号	焊接及相关工艺方法
32	空气燃气焊	115	涂层焊丝电弧焊
43	锻焊	118	躺焊
113	光焊丝电弧焊	149	原子氢焊

续表

代号	焊接及相关工艺方法	代号	焊接及相关工艺方法
181	碳弧焊	781	电弧螺柱焊
321	空气乙炔焊	917	超声波硬钎焊
322	空气丙烷焊	923	摩擦硬钎焊
752	弧光光束焊	953	刮擦软钎焊

10.1.15　焊缝的基本坡口形状焊接符号

焊接符号是指在图样上标注焊接方法、焊缝形式、焊缝尺寸等技术内容的符号，如图 10-12 所示。

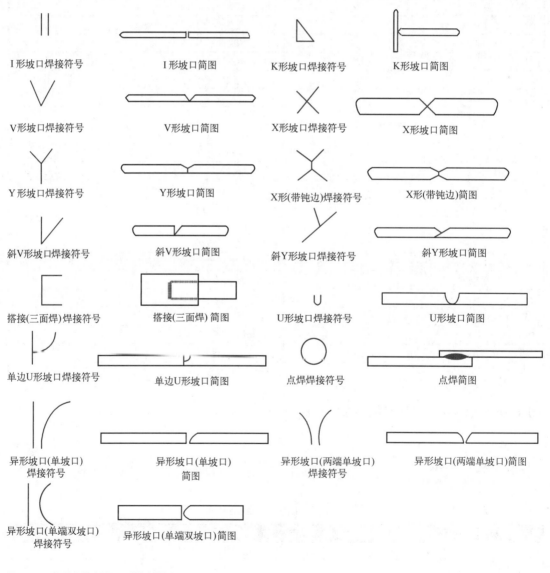

图 10-12　焊缝的基本坡口形状焊接符号

10.1.16　周围焊缝

当焊缝围绕工件周边时，可采用圆形的符号标注，如图 10-13 所示。

10.1.17　现场焊缝

用一个小旗表示野外或现场焊缝，如图 10-14 所示。

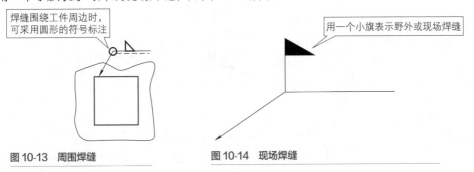

图 10-13　周围焊缝   图 10-14　现场焊缝

10.1.18　焊接方法的标注

必要时，可以在尾部标注焊接方法代号，如图 10-15 所示。

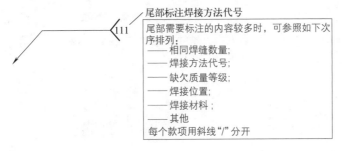

图 10-15　焊接方法的标注

为了简化图样，也可以将上述有关内容包含在某个文件中，采用封闭尾部给出该文件的编号（如 WPS 编号或表格编号等），如图 10-16 所示。

图 10-16　封闭尾部给出该文件的编号的标注

一点通

尾部需要标注的内容较多时，可参照如下次序排列。

① 相同焊缝数量。

② 焊接方法代号（根据 GB/T 5185 相关规定）。

③ 缺欠质量等级（根据 GB/T 19418 相关规定）。

④ 焊接位置（根据 GB/T 16672 相关规定）。

⑤ 焊接材料（根据相关焊接材料标准）。

⑥ 其他。

每个款项用斜线"/"分开。

10.1.19 尺寸标注的示例

尺寸标注的示例如图 10-17 所示。

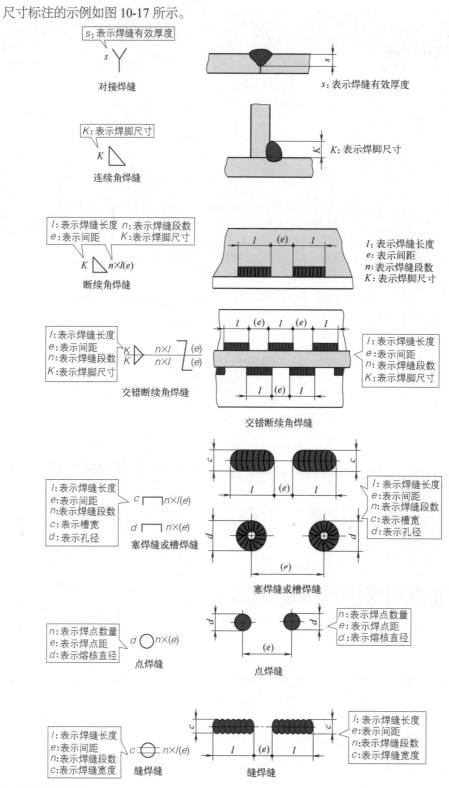

图 10-17 尺寸标注的示例

10.1.20　符号组合示例识读

符号组合示例识读如图 10-18 所示。

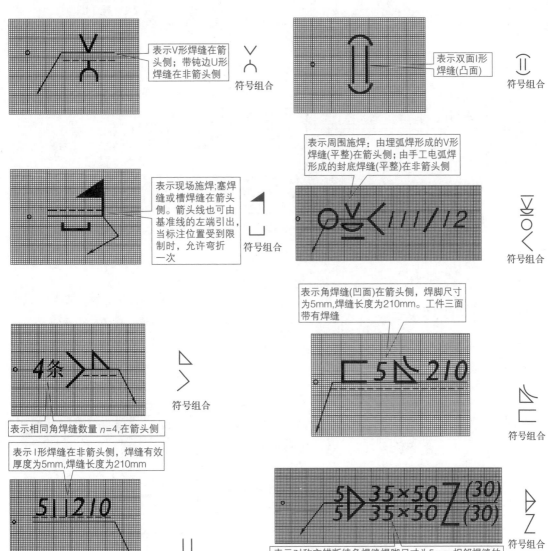

图 10-18　符号组合示例识读

10.1.21　焊缝符号在图样上的标注位置说明

在标准中对焊缝符号、尺寸符号、尺寸数值在指引线上的标注位置有明确的规定，绘制焊接图时会严格遵守。

将符号、数值相对基准线的标注位置分为 A～G 七个区。各区相对基准线的位置固定，无论标注的箭头线方向如何变化，它们相对基准线的位置都不会改变。

焊缝符号在图样上的标注位置说明如图 10-19 所示。

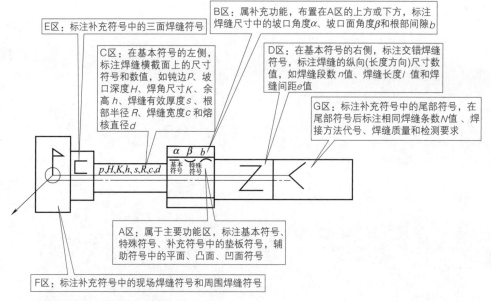

图 10-19　焊缝符号在图样上的标注位置说明

10.1.22　焊缝图示法

绘制焊缝时，可用视图、剖视图、断面图来表示，也可用轴测图示意来表示。焊缝图示法如图 10-20 所示。

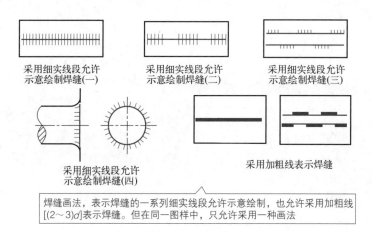

图 10-20　焊缝图示法

在表示焊缝端面的视图中，通常用粗实线绘出焊缝的轮廓。必要时，可用细实线画出焊接前的坡口形状等，如图 10-21 所示。

10.1.23　焊缝剖视图或断面图

在剖视图或断面图中，焊缝的金属熔焊区通常应涂

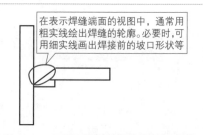

图 10-21　可用细实线画出焊接前的坡口形状

黑表示，如图 10-22 所示。如果同时需要表示坡口等的形状，则熔焊区部分亦可绘制形状，如图 10-23 所示。

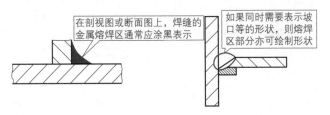

图 10-22　焊缝剖视图或断面图

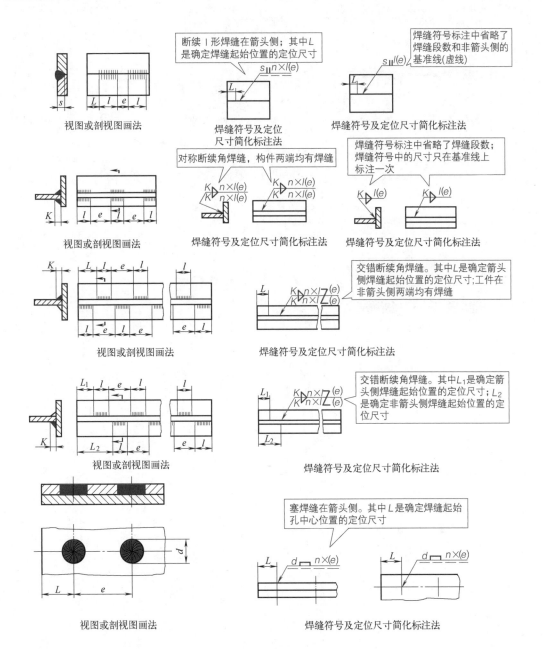

图 10-23

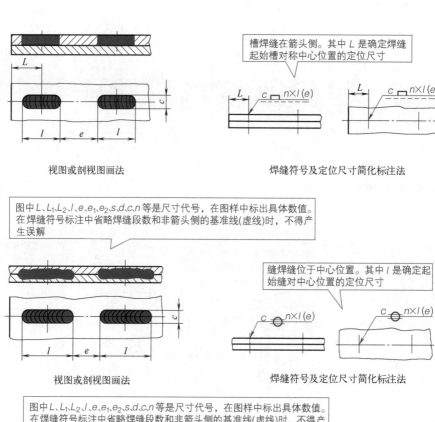

槽焊缝在箭头侧。其中 L 是确定焊缝起始槽对称中心位置的定位尺寸

视图或剖视图画法　　　　　　焊缝符号及定位尺寸简化标注法

图中 L、L_1、L_2、l、e、e_1、e_2、s、d、c、n 等是尺寸代号,在图样中标出具体数值。在焊缝符号标注中省略焊缝段数和非箭头侧的基准线(虚线)时,不得产生误解

缝焊缝位于中心位置。其中 l 是确定起始缝对中心位置的定位尺寸

视图或剖视图画法　　　　　　焊缝符号及定位尺寸简化标注法

图中 L、L_1、L_2、l、e、e_1、e_2、s、d、c、n 等是尺寸代号,在图样中标出具体数值。在焊缝符号标注中省略焊缝段数和非箭头侧的基准线(虚线)时,不得产生误解

缝焊缝偏离中心位置,在箭头侧

视图或剖视图画法　　　　　　焊缝符号及定位尺寸简化标注法

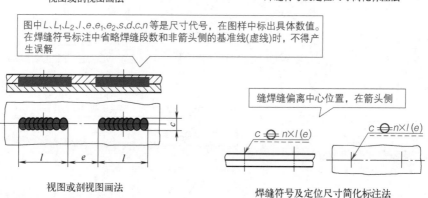

两行对称点焊缝位于中心位置。其中 e_1 是相邻两焊点中心的间距;e_2 是点焊缝的行间距;L 是确定第一列焊缝起始焊点中心位置的定位尺寸

视图或剖视图画法　　　　　　焊缝符号及定位尺寸简化标注法

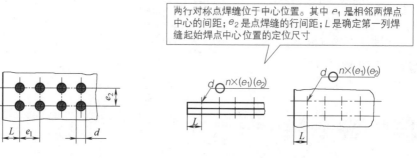

交错点焊缝位于中心位置。其中L_1是确定第一行焊缝起始焊点中心位置的定位尺寸；L_2是确定第二行焊缝起始焊点中心位置的定位尺寸

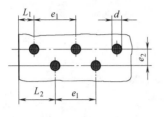 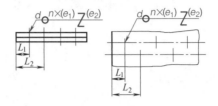

视图或剖视图画法   焊缝符号及定位尺寸简化标注法

图 10-23   焊缝符号

10.1.24   焊缝轴测图

用轴测图示意地表示焊缝的画法如图 10-24 所示。

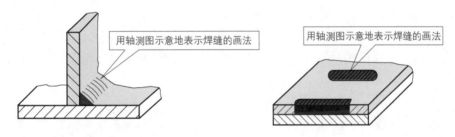

用轴测图示意地表示焊缝的画法   用轴测图示意地表示焊缝的画法

图 10-24   用轴测图示意地表示焊缝的画法

10.1.25   焊缝局部放大图

必要时，可将焊缝部位用局部放大图表示并且标注尺寸，如图 10-25 所示。

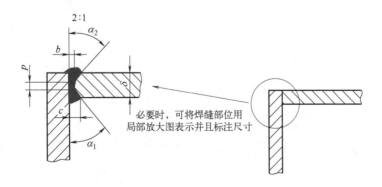

必要时，可将焊缝部位用局部放大图表示并且标注尺寸

图 10-25   焊缝局部放大图

10.1.26 图示法与标注焊缝符号的关系

图样中采用图示法绘出焊缝时，通常也同时标注焊缝符号，如图 10-26 所示。

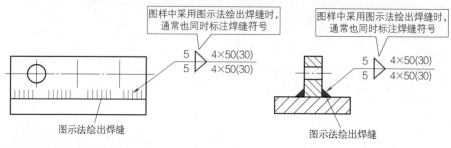

图 10-26 图示法与标注焊缝符号的关系

10.1.27 焊缝符号的简化标注方法

同一图样上全部焊缝所采用的焊接方法完全相同时，焊缝符号尾部表示焊接方法的代号可省略不标注。但是，必须在技术要求或其他技术文件中注明"全部焊缝均采用 ×× 焊"等字样。

当大部分焊接方法相同时，也可以在技术要求或其他技术文件中注明"除图样中注明的焊接方法外，其余焊缝均采用 ×× 焊"等字样。

焊缝符号中标注交错对称焊缝的尺寸时，允许在基准线上只标注一次，如图 10-27 所示。

断续焊缝、对称断续焊缝、交错断续焊缝的段数无严格要求时，允许省略焊缝段数，如图 10-28 所示。

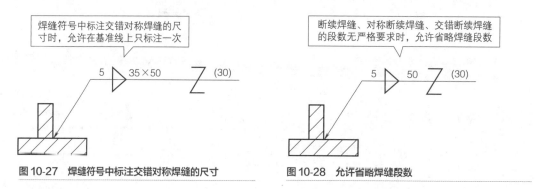

图 10-27 焊缝符号中标注交错对称焊缝的尺寸　　**图 10-28 允许省略焊缝段数**

同一图样中，当若干条焊缝的坡口尺寸、焊缝符号均相同时，可以采用集中标注，如图 10-29 所示。

焊缝在接头中的位置均相同时，也可采用在焊缝符号的尾部加注相同焊缝数量的方法简化标注，但是其他形式的焊缝，仍需要分别标注，如图 10-30 所示。

简化标注方法或者标注位置受到限制时，可以标注焊缝简化代号，如图 10-31 所示，但是会在该图样下方或在标题栏附近说明这些简化代号的意义。采用简化代号标注焊缝时，一般在图样下方或标题栏附近的代号和符号应是图形上所注代号和符号的 1.4 倍。

在不致引起误解的情况下，当箭头线指向焊缝，而非箭头侧又无焊缝要求时，则允许省略非箭头侧的基准线（虚线）。

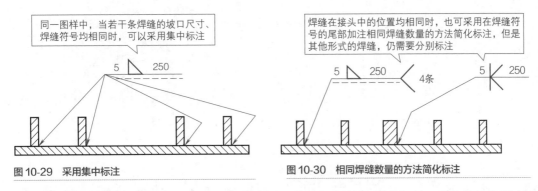

图 10-29　采用集中标注

图 10-30　相同焊缝数量的方法简化标注

当焊缝长度的起始位置、终止位置明确（已由构件的尺寸等确定）时，则允许在焊缝的符号中省略焊缝长度，如图 10-32 所示。

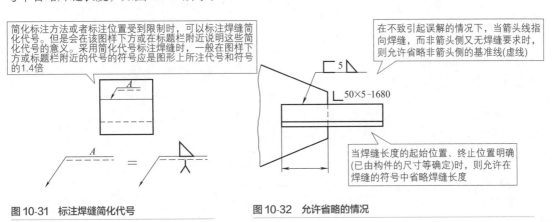

图 10-31　标注焊缝简化代号

图 10-32　允许省略的情况

一点通

同一图样中全部焊缝相同且已用图示明确表示其位置时，可统一在技术要求中用符号表示或用文字说明，如"全部焊缝为 5N"。

10.2　焊缝识图

10.2.1　焊缝符号识读举例

焊缝符号识读举例如图 10-33 所示。

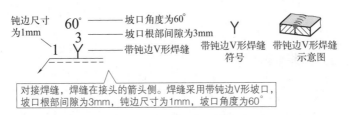

图 10-33

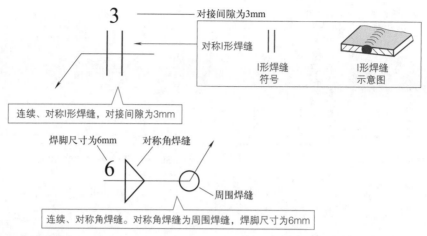

图 10-33　焊缝符号识读举例

10.2.2　焊工识读案例

　　焊工识读时，可以采用形体分析法，分析制件由哪些基本件所组成、各个基本件的结构和形状、它们间的相对位置、焊接方法与要求、焊接后的尺寸要求等。

　　例如，轴承挂架结构图的识读焊接位置与要求如图 10-34 所示。

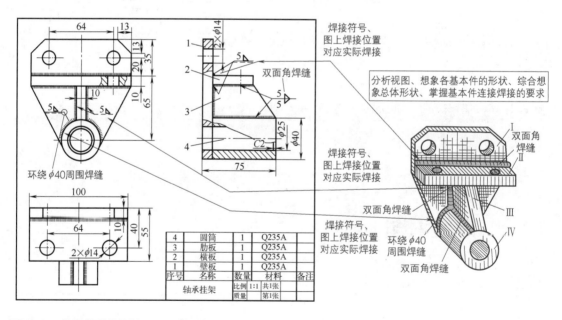

图 10-34　轴承挂架结构图的识读焊接位置与要求

10.2.3　较简单的焊件图识读

　　有的较简单的焊件整体形式，是用一张较全面的图样表达焊接构件的形状、详细尺寸，其焊缝用焊缝符号标出，或者在技术要求中用文字统一说明，如图 10-35 所示。

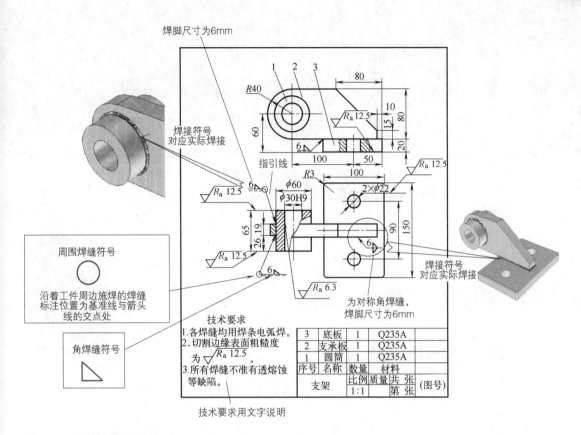

图 10-35　较简单的焊件图识读

焊工实战技能

11.1 相关联工作与工场

11.1.1 冷作车间钢材的堆放与保管

规模大的冷作车间设有储存钢材的仓库，规模较小的冷作车间一般没有专用的钢材仓库，钢材一般堆放在生产场地的附近。

钢材仓库一般分为露天材料库、室内材料库等。露天材料库一般存放中厚钢板、型钢、大型管材等。室内材料库一般存放薄钢板、有色金属材料、直径较小的管材、贵重金属材料等。

钢材的堆放要求如图 11-1 所示。

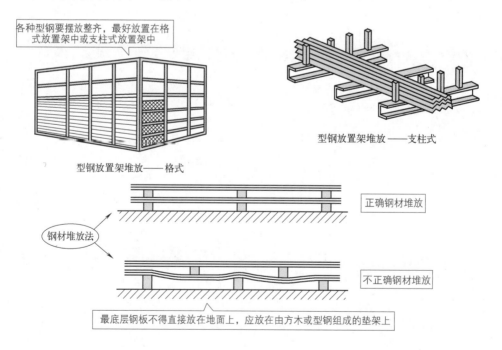

各种型钢要摆放整齐，最好置在格式放置架中或支柱式放置架中

型钢放置架堆放——支柱式

型钢放置架堆放——格式

钢材堆放法

正确钢材堆放

不正确钢材堆放

最底层钢板不得直接放在地面上，应放在由方木或型钢组成的垫架上

露天堆放时，钢板、宽扁钢、工字钢及槽钢的堆放高度，在成排放置未经勾连时，不应该大于钢材堆放的宽度；而在相互勾连放置时，堆放高度不应该大于钢材堆放宽度的两倍

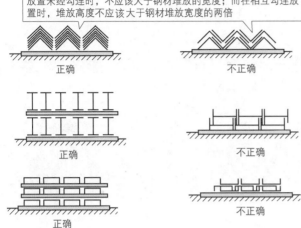

正确   不正确

正确   不正确

正确   不正确
型钢堆放法   型钢堆放法

图 11-1 钢材的堆放要求

扫码看视频
钢材工场应用

11.1.2 钢材工场应用

钢材工场应用，常见的工序为设计、下料、裁切、对型、装配焊接、处理、检查等，如图 11-2 所示。

下料

(a) 下料(一)

(b) 裁切(一)

钢型材

(c) 下料(二)

切45°斜角

(d) 裁切(二)

(e) 对型

(f) 装配焊接

图 11-2 常见的工序

处理包括去毛刺、涂抹防锈漆，如图 11-3 所示。

涂抹
防锈漆

图 11-3　处理

检查如图 11-4 所示。

钢结构
焊接

焊接时，应注意焊接冷却后的成形尺寸与形状要求

图 11-4　检查

11.1.3　钢结构焊缝要求

检验焊缝外形尺寸前，其焊缝及两侧必须清除熔渣、飞溅、其他污物。焊缝外形尺寸检验主要用肉眼借助有关辅助量具进行。检验时要保证良好的照明。

钢结构焊缝外形应均匀，焊道与焊道及焊道与基本金属间需要平滑过渡。

I 形坡口对接焊缝（包括 I 形带垫板对接焊缝）、非 I 形坡口对接焊缝要求，如图 11-5 所示。

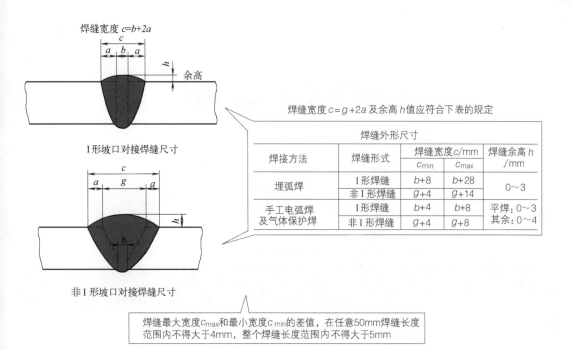

图 11-5　对接焊缝的要求

焊缝边缘直线度的要求如图 11-6 所示。

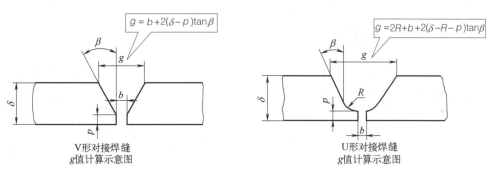

图 11-6　焊缝边缘直线度的要求

焊缝表面凸凹度的要求如图 11-7 所示。焊缝表面凹凸，在焊缝任意 25mm 长度范围内，焊缝余高 h_{max}-h_{min} 的差值不得大于 2mm。

角焊缝的焊脚尺寸 K 值由设计或有关技术文件注明，其焊脚尺寸 K 值的偏差需要符的规定见表 11-1。

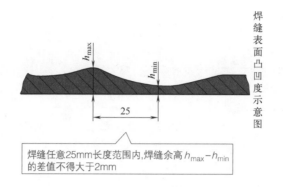

焊缝任意25mm长度范围内,焊缝余高 $h_{max}-h_{min}$ 的差值不得大于2mm

图 11-7　焊缝表面凸凹度的要求

表 11-1　角焊缝焊脚尺寸允许偏差

焊接方法	尺寸偏差 /mm	
	$K < 12$	$K \geqslant 12$
埋弧焊	+4	+5
手工电弧焊及气体保护焊	+3	+4

11.2　实战技能

扫码看视频

角钢框的焊接
与装配

11.2.1　角钢框的焊接与装配

熟悉图样,了解工件结构特点,了解装配技术要求,确定装配方法。例如根据要求,该装配采取平台上划线定位装配。

① 角钢框的装配图样如图 11-8 所示。

② 准备好平台、工具、尺等。制作所需的定位挡铁。检查角钢零件的规格、尺寸等。

③ 在装配平台上划出装配定位线并焊好定位挡铁,如图 11-9 所示。

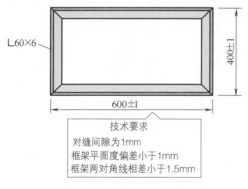

L60×6

400±1

600±1

技术要求
对缝间隙为1mm
框架平面度偏差小于1mm
框架两对角线相差小于1.5mm

工件为内折弯角钢框,装配定位以外框线为依据。为此,装配平台上仅划角钢外框线

定位挡铁

沿定位线在适当位置焊好定位挡铁

平台

图 11-8　角钢框的装配图样

图 11-9　划出装配定位线并焊好定位挡铁

④ 按装配定位线将角钢零件摆放定位。

⑤ 初步定位焊时的注意事项。

a. 因为零件未用夹具夹紧,故定位焊引弧时不要使零件移动,以免造成零件错位。

b. 定位焊接时，每条焊缝只能焊一点，并且焊缝不能过大。否则，定位焊后将无法调整零件间的位置、角度。初步定位焊如图 11-10 所示。

⑥ 测量检查并矫正。

a. 用钢卷尺检验角钢框长度、宽度尺寸。

b. 用直角尺检验角钢框四角的垂直度。

c. 目测角钢框平面的平整程度，也可用钢直尺放在角钢框平面上，检验角钢框的平面度，如图 11-11 所示。

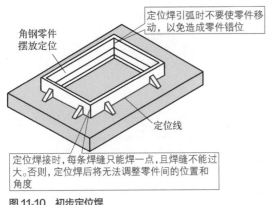

图 11-10　初步定位焊

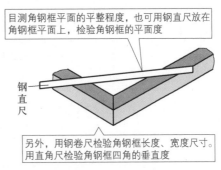

图 11-11　测量检查

如果经检验发现不合格，则需要予以矫正。如果零件错位或尺寸不对，则需要断开焊缝重新定位、点焊。如果框架角度不正确，则可以将其立在装配台上，撞击矫正。角钢框平面不平整时，则可以在平台上锤击矫正，如图 11-12 所示。

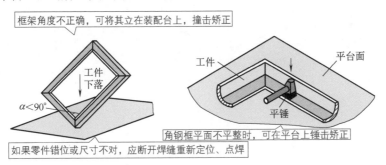

图 11-12　对检验发现不合格予以矫正

⑦ 角钢框经检查、矫正后，即可完全定位焊。这时每条焊缝至少需要焊接两点。如果仅焊一点，则将达不到完全定位的目的。

⑧ 工件施行完全定位焊后，要根据图样要求进行全面质量检验。

注意：装配平台表面，需要清扫干净，否则极易造成角钢框平面错位不平。

如果可以靠零件自重来保证定位的可靠性的装配，则不必采取特殊的夹紧装置。有的工件施行定位焊时，应手持工具压住需焊的零件，以防定位焊操作中零件移动，造成错位。焊接时，则需要根据图样要求检查各零件间的连接关系、定位尺寸是否正确，必要时进行矫正。

11.2.2　工字梁焊接与装配

（1）准备工作

识读工件图样，进行工艺分析。准备挡铁、吊具等。划位置线，焊上挡铁，如图 11-13 所示。

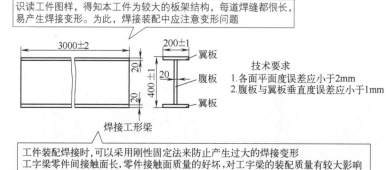

识读工件图样，得知本工件为较大的板架结构，每道焊缝都很长，易产生焊接变形。为此，焊接装配中应注意变形问题

技术要求
1. 各面平面度误差应小于2mm
2. 腹板与翼板垂直度误差应小于1mm

焊接工形梁

工件装配焊接时，可以采用刚性固定法来防止产生过大的焊接变形
工字梁零件间接触面长，零件接触面质量的好坏，对工字梁的装配质量有较大影响
为保证装配质量，装配前，应严格检查工字梁腹板的边缘质量，对不合格处进行修整

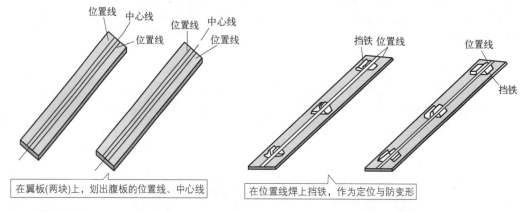

在翼板(两块)上，划出腹板的位置线、中心线

在位置线焊上挡铁，作为定位与防变形

图 11-13　准备工作

（2）装配与焊接

腹板上装好专门吊具并吊放到翼板的指定位置后，再用直角尺检查腹板与翼板间的垂直度，以及经过矫正，再焊定位焊固定，组成 T 形梁，如图 11-14 所示。

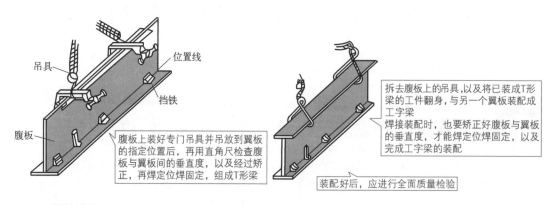

腹板上装好专门吊具并吊放到翼板的指定位置后，再用直角尺检查腹板与翼板间的垂直度，以及经过矫正，再焊定位焊固定，组成T形梁

拆去腹板上的吊具，以及将已装成T形梁的工件翻身，与另一个翼板装配成工字梁
焊接装配时，也要矫正好腹板与翼板的垂直度，才能焊定位焊固定，以及完成工字梁的装配

装配好后，应进行全面质量检验

图 11-14　装配与焊接

焊接装配工件数量少，一般不宜采用专用胎型装配，而可以采用挡铁定位装配法。

11.2.3 燃气管道施焊要求

燃气管道施焊要求如下。

① 燃气管道随桥梁敷设时，敷设于桥梁上的燃气管道需要采用加厚的无缝钢管或焊接钢管，尽量减少焊缝，对焊缝进行 100% 无损探伤。

② 施工现场，管道坡口通常采用手工气割或半自动气割机配合手提坡口机打坡口，管端面的坡口角度、钝边、间隙需要符合设计或国家现行标准的规定。

③ 施工现场，管道坡口采用气割时，必须除去坡口表面的氧化皮，以及进行打磨，表面力要求平整。

④ 对口前，检查管口周圈是否有夹层、裂纹等缺陷，并且将管口以外 100mm 范围内的油漆、污垢、铁锈、毛刺等清扫干净，清理合格后及时对口施焊。

⑤ 通常采用对口器固定、倒链吊管找正对圆的方法，不得强力对口。

⑥ 对口时将两管道纵向焊缝相互错开，其错边量需要符合国家现行标准的规定。

⑦ 对口完成后，需要立即进行定位焊，定位焊的焊条需要与管口焊接焊条材质相同，定位焊的厚度与坡口第一层焊接厚度相近，但是不应超过管壁厚度的 70%，焊缝根部必须焊透，定位焊应均匀、对称。钢管的纵向焊缝（螺旋焊缝）端部不得进行定位焊。

⑧ 定位焊完毕拆除对口器，进行焊口编号，对好的口必须当天焊完。

⑨ 根据试焊确定的工艺方法进行焊接，一般采用氧弧焊打底，焊条电弧焊填充、盖面。钢管采用单面焊、双面成形的方法。焊接层数需要根据钢管壁厚、坡口形式来确定，壁厚在 5mm 以下的焊接层数不得少于两层。

⑩ 所用焊丝、焊条，需要与母材材质相匹配，直径需要根据管道壁厚、接口形式选择。

⑪ 受潮、生锈、掉皮的焊条不得使用。

⑫ 焊条在使用前，需要根据出厂质量证明书的要求烘干，烘干后装入保温筒进行保温，随用随取。

⑬ 根据管径大小，需要对焊缝沿周长进行排位，采取合理的焊接顺序，避免应力集中、管口变形。

⑭ 分层施焊时，先用氧弧焊打底，焊接时需要均匀焊透，不得咬肉、夹渣。厚度不应超过焊丝的直径。然后分层用焊条电弧焊焊接，各层焊接前要将上一层的药皮、焊渣、金属飞溅物清理干净。焊接时，各层引弧点、熄弧点均应错开 20mm 以上，以及不得在焊道以外的钢管上引弧。每层焊缝厚度，根据批准的工艺评定报告执行，一般为焊条直径的 0.8 ～ 1.2 倍。

⑮ 盖面时，分层焊接完成后，可以进行盖面施焊。焊缝断面呈弧形，高度不低于母材，宽度为上坡口宽度加 2 ～ 3mm。外观表面不得有气孔、咬边、弧坑、夹渣、裂纹、电弧擦伤等缺陷。焊缝表面呈鱼鳞状，均匀、光滑、宽度整齐。

施工单位先编制作业指导书并试焊，对首次使用的钢管、焊接材料、焊接方法、焊后热处理等，需要进行焊接工艺评定，以及根据评定报告确定焊接工艺。固定口焊接时，当分段焊接完成后，固定焊口需要在接口位置提前挖好工作坑。

11.2.4　供热管网附件、换热站设施焊要求

供热管网附件、换热站设施焊要求如下。

① 管道支架、吊架位置不应有管道焊缝，导向支架、滑动支架、吊架不得有歪斜与卡涩现象。

② 支架、吊架需要根据设计要求焊接，焊缝不得有漏焊、缺焊、咬边、裂纹等缺陷。

③ 焊接安装阀门时，焊机地线应搭在同侧焊口的钢管上，不得搭在阀体上。

④ 焊接蝶阀时，安装焊接前应关闭阀板，并且采取保护措施。阀板的轴需要安装在水平方向上，轴与水平面的最大夹角不应大于60°，不得垂直安装。

⑤ 焊接球阀的过程中需要对阀体进行降温。焊接球阀水平安装时，需要将阀门完全开启。垂直管道安装且焊接阀体下方焊缝时，需要将阀门关闭。

焊接支架和吊架的形式、材质、外形尺寸、制作精度、焊接质量，需要符合设计要求。焊接的管道与固定支架、滑托等焊接时，不得损伤管道母材。焊接的固定支架卡板和支架结构接触面需要贴实，但不得焊接，以免形成死点发生事故。焊接的滑动支架、导向支架的工作面需要平整、光滑，不得有毛刺、焊渣等异物。

第 **12** 章

钢筋焊接

12.1 钢筋焊接基础与常识

12.1.1 钢筋焊接方法

钢筋连接的方法有钢筋机械连接、钢筋焊接等，如图 12-1 所示。其中，钢筋焊接包括钢筋电阻点焊、钢筋闪光对焊、钢筋电弧焊、钢筋窄间隙电弧焊、钢筋电渣压力焊、钢筋气压焊、预埋件钢筋埋弧压力焊等。

(b) 钢筋机械连接

(a) 钢筋电弧焊

(c) 电渣压力焊

图 12-1　钢筋连接的方法

钢筋焊接方法见表 12-1。

表 12-1　钢筋焊接方法

项目	解释
钢筋电阻点焊	钢筋电阻点焊是指将两根钢筋安放成交叉叠接形式，压紧于两电极间，利用电阻热熔化母材金属加压形成焊点的一种压焊方法
钢筋闪光对焊	钢筋闪光对焊是指将两钢筋安放成对接形式，利用电阻热使接触点金属熔化，产生强烈飞溅，形成闪光，迅速施加顶锻力完成的一种压焊方法
钢筋电弧焊	钢筋电弧焊是以焊条作为一极，钢筋作为另一极，利用焊接电流通过产生的电弧热进行焊接的一种熔焊方法
钢筋窄间隙电弧焊	钢筋窄间隙电弧焊是将两钢筋安放成水平对接形式，并且置于铜模内，中间留有少量间隙，用焊条从接头根部引弧，连续向上焊接完成的一种电弧焊方法
钢筋电渣压力焊	钢筋电渣压力焊是将两钢筋安放成竖向对接形式，利用焊接电流通过两钢筋端面间隙，在焊剂层下形成电弧过程和电渣过程，产生电弧热和电阻热，熔化钢筋，加压完成的一种压焊方法
钢筋气压焊	钢筋气压焊是指采用氧乙炔火焰或其他火焰对两钢筋对接处加热，使其达到塑性状态、固态或熔化状态（熔态）后，加压完成的一种压焊方法
预埋件钢筋埋弧压力焊	预埋件钢筋埋弧压力焊是将钢筋与钢板安放成 T 形接头形式，利用焊接电流通过，在焊剂层下产生电弧，形成熔池，加压完成的一种压焊方法

一点通

带肋钢筋进行闪光对焊、电弧焊、电渣压力焊、气压焊时，宜将纵肋对纵肋安放和焊接。低碳钢热轧圆盘条，经调直后作为封闭环式箍筋进行闪光对焊。

12.1.2　钢筋焊接材料

预埋件接头、熔槽帮条焊接头、坡口焊接头中的钢板和型钢，宜采用低碳钢或低合金钢，其力学性能、化学成分需要分别符合现行国家标准等规定。

电弧焊所采用的焊条，需要符合现行国家标准等规定，其型号需要根据设计确定。如果设计无规定，可根据表 12-2 来参考选用。

表 12-2　钢筋电弧焊焊条型号

钢筋牌号	电弧焊接头形式			
	帮条焊、搭接焊	坡口焊、熔槽帮条焊、预埋件穿孔塞焊	窄间隙焊	钢筋与钢板搭接、焊预埋件、T 形角焊
HRB335	E4303	E5003	E5016、E5015	E4303
HRB400	E5003	E5503	E6016、E6015	E5003
RRB400	E5003	E5503	—	—

一点通

采用低氢型碱性焊条时，需要根据使用说明书的要求烘焙，并且宜放入保温筒内保温使用；酸性焊条如果在运输或存放中受潮，使用前也需要烘焙后。在电渣压力焊和预埋件埋弧压力焊中，可采用 HJ431 焊剂。

12.1.3　钢筋焊接方法的应用

钢筋焊接方法的应用见表 12-3。

表 12-3　钢筋焊接方法的应用

焊接方法			接头形式	适用范围	
				钢筋牌号	钢筋直径 /mm
电弧焊	搭接焊	双面焊		HPB235	10 ～ 20
				HRB335	10 ～ 40
				HRB400	10 ～ 40
				RRB400	10 ～ 25
		单面焊		HPB235	10 ～ 20
				HRB335	10 ～ 40
				HRB400	10 ～ 40
				RRB400	10 ～ 25
	熔槽帮条焊			HPB235	20
				HRB335	20 ～ 40
				HRB400	20 ～ 40
				RRB400	20 ～ 25
	坡口焊	平焊		HPB235	18 ～ 20
				HRB335	18 ～ 40
				HRB400	18 ～ 40
				RRB400	18 ～ 25
		立焊		HPB235	18 ～ 20
				HRB335	18 ～ 40
				HRB400	18 ～ 40
				RRB400	18 ～ 25
	钢筋与钢板 搭接焊			HPB235	8 ～ 20
				HRB335	8 ～ 40
				HRB400	8 ～ 25
	窄间隙焊			HPB235	16 ～ 20
				HRB335	16 ～ 40
				HRB400	16 ～ 40
预埋 件电 弧焊	角焊			HPB235	8 ～ 20
				HRB335	6 ～ 25
				HRB400	6 ～ 25
	穿孔 塞焊			HPB235	20
				HRB335	20 ～ 25
				HRB400	20 ～ 25
电阻点焊				HPB235	8 ～ 16
				HRB335	6 ～ 16
				HRB400	6 ～ 16
				CRB550	4 ～ 12

续表

焊接方法			接头形式	适用范围	
				钢筋牌号	钢筋直径/mm
闪光对焊				HPB235	8～20
				HRB335	6～40
				HRB400	6～40
				RRB400	10～32
				HRB500	10～40
				Q235	6～14
电弧焊	帮条焊	双面焊		HPB235	10～20
				HRB335	10～40
				HRB400	10～40
				RRB400	10～25
		单面焊		HPB235	10～20
				HRB335	10～40
				HRB400	10～40
				RRB400	10～25

说明：

① 钢筋闪光对焊含封闭环式箍筋闪光对焊；

② 电阻点焊时，适用范围的钢筋直径是指2根不同直径钢筋交叉叠接中较小钢筋的直径；

③ 设计图纸规定对冷拔低碳钢丝焊接网进行电阻点焊，或对原RL540钢筋（Ⅳ级）进行闪光对焊时，可根据有关规程相关条款的规定实施。

12.1.4　热轧钢筋接头

热轧钢筋接头需要符合设计要求。当设计无要求时，需要符合的一些规定如下。

① 钢筋骨架、钢筋网片的交叉点焊接宜采用电阻点焊。

② 钢筋接头宜采用焊接接头或机械连接接头。

③ 钢筋与钢板的T形连接，宜采用埋弧压力焊或电弧焊。

④ 焊接接头应优先选择闪光对焊。焊接接头需要符合国家现行标准《钢筋焊接及验收规程》（JGJ 18—2012）等有关规定。

 一点通

机械连接接头适用于HRB335和HRB400带肋钢筋的连接。机械连接接头需要符合《钢筋机械连接技术规程》（JGJ 107—2016）等有关规定。普通混凝土中钢筋直径等于或小于22mm。在无焊接条件时，可以采用绑扎连接，但是受拉构件中的主钢筋不得采用绑扎连接。

12.1.5　钢筋骨架、钢筋网的组成与安装

在施工现场，可根据结构情况和现场运输起重条件，先预制成钢筋骨架或钢筋网片，就位

后再焊接或绑扎成整体骨架。

为了确保分部钢筋骨架具有足够的刚度和稳定性，可在钢筋的部分交叉点位置施焊或用辅助钢筋加固。

（1）钢筋骨架制作、组装

钢筋骨架制作、组装需要符合的一些规定如下。

① 钢筋骨架组装时，需要根据设计图纸放大样。放样时，需要考虑骨架预拱度。简支梁钢筋骨架预拱度，需要符合设计与规范规定。

② 钢筋骨架的焊接，需要在坚固的工作台上进行。

③ 钢筋骨架组装时，需要采取控制焊接局部变形的措施。

④ 骨架接长焊接时，不同直径钢筋的中心线需要在同一平面上。

（2）钢筋网片电阻点焊

钢筋网片采用电阻点焊需要符合的一些规定如下。

① 焊接网片的受力钢筋为 HPB300 钢筋时，如果焊接网片为两个方向受力，则四周边缘的两根钢筋的全部交叉点必须焊接，其余交叉点可间隔焊接或绑、焊相间。如果焊接网片只有一个方向受力，受力主筋与两端的两根横向钢筋全部交叉点必须焊接。

② 焊接网片的受力钢筋为冷拔低碳钢丝，另一方向的钢筋间距小于 100mm 时，除了受力主筋与两端的两根横向钢筋的全部交叉点必须焊接外，中间部分的焊点距离可增大到 250mm。

一点通

在预应力筋附近进行电焊时，需要对预应力筋采取保护措施。凡施焊的各种钢筋、钢板均应有质量证明书。焊条、焊剂应有产品合格证。钢筋进场时，需要根据现行国家标准中的规定，抽取试件做力学性能检验，其质量必须符合有关标准规定。

12.1.6 钢筋焊接施工的其他要求

工程正式焊接前，参与该项施焊的焊工需要进行现场条件下的焊接工艺试验，并且经试验合格后，才可以正式生产。试验结果，需要符合质量检验与验收的要求。

钢筋焊接施工前，需要清除钢筋、钢板焊接部位，以及钢筋与电极接触处表面上的油污、锈斑、杂物等。钢筋端部有扭曲、弯折等情况，需要予以矫直或切除。

进行电阻点焊、闪光对焊、电渣压力焊、埋弧压力焊时，需要随时观察电源电压的波动情况。电源电压下降大于 5%、小于 8% 时，需要采取提高焊接变压器级数的措施。电源电压下降大于或等于 8% 时，不得进行焊接。

雨天、雪天不宜在现场进行施焊；必须施焊时，需要采取有效遮蔽措施。焊后未冷却接头不得碰到冰雪。现场进行闪光对焊或电弧焊，风速超过 7.9m/s 时，需要采取挡风措施。进行气压焊，风速超过 5.4m/s 时，需要采取挡风措施。

环境温度低于 -5℃ 条件下施焊时，焊接工艺需要符合的要求，如图 12-2 所示。

环境温度低于-5℃条件下施焊时，焊接工艺需要符合的要求

- 环境温度低于-20℃时，不宜进行各种焊接
- 进行电弧焊时，宜增大焊接电流，减低焊接速度
- 进行闪光对焊时，宜采用预热闪光焊或闪光-预热闪光焊；可以增加调伸长度，采用较低变压器级数，增加预热次数和间歇时间
- 进行电弧帮条焊或搭接焊时，第一层焊缝应从中间引弧，向两端施焊；以后各层控温施焊，层间温度控制在150～350℃。多层施焊时，可采用回火焊道施焊

图 12-2　环境温度低于 −5℃焊接工艺需要符合的要求

一点通

对从事钢筋焊接施工的班组及有关人员应经常进行安全生产教育，执行现行国家标准《焊接与切割安全》等有关规定。对氧、乙炔、液化石油气等易燃、易爆材料，需要妥善管理，并且注意周边环境，制定和实施各项安全技术措施，加强焊工的劳动保护，防止发生触电、烧伤、火灾、爆炸、烧坏焊接设备等事故。

12.2　闪光焊接

12.2.1　连续闪光焊接钢筋上限直径

钢筋直径较小，钢筋牌号较低，在表 12-4 的规定范围内，可以采用连续闪光焊。如果超过表 12-4 中的规定，并且钢筋端面较平整，则宜采用"预热闪光焊"。如果超过表 12-4 中的规定，并且钢筋端面不平整，则应采用"闪光 - 预热闪光焊"。

表 12-4　连续闪光焊接钢筋上限直径

焊机容量 /（kV·A）	钢筋牌号	钢筋直径 /mm
40	HRB235	10
	Q235	
	HRB335	
	HRB400	
	RRB400	
80（75 或者）	HRB235	16
	HRB335	14
	HRB400	12
	RRB400	12
100	HRB235	20
	HRB335	18
	HRB400	16
	RRB400	16

续表

焊机容量 /（kV·A）	钢筋牌号	钢筋直径 /mm
160 （150 或者）	HRB235	20
	HRB335	22
	HRB400	20
	RRB400	20

 一点通

连续闪光焊所能焊接的钢筋上限直径，需要根据焊机容量、钢筋牌号等具体情况来决定，以及符合有关规定。

12.2.2　闪光对焊的要求

钢筋的对接焊接宜采用闪光对焊，其焊接工艺方法的一些规定如下。

① 进行闪光对焊时，需要选择合适的烧化留量、调伸长度、顶锻留量、变压器级数等焊接参数。

② 进行连续闪光焊时的留量，需要包括有电顶锻留量、烧化留量、无电顶锻留量等。

③ 进行闪光 - 预热闪光焊时的留量，需要包括预热留量、一次烧化留量、二次烧化留量、有电顶锻留量、无电顶锻留量等。

④ 变压器级数，需要根据钢筋牌号、直径、焊机容量、焊接工艺方法等具体情况来选择。

⑤ 进行 HRB500 钢筋焊接时，需要采用预热闪光焊或闪光 - 预热闪光焊工艺。接头拉伸试验结果发生脆性断裂，或弯曲试验不能达到规定要求时，应在焊机上进行焊后热处理。

⑥ 进行 RRB400 钢筋闪光对焊时，与热轧钢筋比较，提高焊接变压器级数，缩短加热时间，需要减小调伸长度，快速顶锻，形成快热快冷条件，使热影响区长度控制在钢筋直径的 0.6 倍范围内。

⑦ 封闭环式箍筋采用闪光对焊时，钢筋断料宜采用无齿锯切割，断面要平整。箍筋直径为 6 ～ 10mm，可使用 UN1-40 型对焊机，并且选择较大变压器级数。箍筋直径为 12mm 及以上时，宜采用 UN1-75 型对焊机和连续闪光焊工艺。

⑧ 采用 UN2-150 型对焊机（电动机凸轮传动）或 UN17-150-1 型对焊机（气 - 液压传动）进行大直径钢筋焊接时，宜先采取锯割或气割方式对钢筋端面进行平整处理，再采取预热闪光焊工艺。

 一点通

闪光对焊生产中，出现异常现象或焊接缺陷时，需要查找原因，采取措施，及时消除。螺栓端杆与预应力钢筋对焊时，宜先对螺栓端杆进行预热，以及减小调伸长度。钢筋一侧的电极应垫高，以确保两者轴线一致。

12.3 钢筋气压焊

12.3.1 钢筋气压焊特点与术语

钢筋气压焊是指采用氧乙炔火焰对两钢筋接缝处进行加热，使其达到塑性状态后，施加适当压力，形成牢固对焊接头的一种方法。

钢筋气压焊有关术语见表 12-5。

表 12-5　钢筋气压焊有关术语

项　目	解　释
镦粗长度	镦粗区的长度
镦粗区	接头中母材被镦粗的区段
镦粗直径	镦粗区的最大直径
多嘴环管加热器	由氧乙炔混合室与加热圈组成的加热器具
焊接夹具	为了保证对钢筋夹紧、安装定位并施加轴向压力所采用的夹具
环向裂纹	与钢筋轴线相垂直的裂纹
加压器	由油泵、油压表、油管、顶压油缸等组成的压力源装置
偏心量	压焊面两钢筋轴线间的距离
压焊面	接头中两钢筋端面相互接合的面
压焊面偏移	压焊面与镦粗区最大直径截面间的距离

一点通

钢筋气压焊，可用于直径为 16 ~ 40mm 的Ⅰ级、Ⅱ级钢筋在垂直位置、水平位置、倾斜位置的对接连接。两钢筋直径不同时，其直径之差不得大于 7mm。

12.3.2 钢筋气压焊设备

钢筋气压焊设备见表 12-6。

表 12-6　钢筋气压焊设备

项目	解　释
多嘴环管加热器	（1）氧 - 乙炔混合室的供气量，要满足加热圈气体消耗量的需要 （2）多嘴环管加热器的多束火焰，要燃烧均匀，调整火焰方便 （3）多嘴环管加热器，要配备多种规格的加热圈，以满足各不同直径钢筋焊接的需要
辅助设备	在钢筋气压焊施工中，需要配备必要的辅助设备，用来切断钢筋，磨平钢筋端面，清除边角毛刺，清除端面氧化膜等
供气装置	（1）供气装置包括氧气瓶、溶解乙炔气瓶（或中压乙炔发生器）、干式回火防止器、减压器、胶管等 （2）溶解乙炔气瓶的供气能力，必须满足现场最大直径钢筋焊接时的供气量要求。如果不满足要求时，则可多瓶并联使用 （3）氧气瓶和溶解乙炔气瓶的使用，需要遵照国家有关规定执行

续表

项目	解　释
焊接夹具	（1）焊接夹具，需要确保夹紧钢筋，并且当钢筋承受最大轴向压力时，钢筋与夹头间不产生相对滑移 （2）焊接夹具中的动夹头，需要与定夹头同心，并且当不同直径钢筋相焊接时，仍要保持同心 （3）焊接夹具，需要便于钢筋的安装定位，并且在施焊过程中保持足够的刚度
加压器	（1）加压器的加压能力，需要达到现场最大直径钢筋焊接时所需要的轴向压力 （2）加压油泵有手动式、电动式等种类。焊接大直径钢筋时，宜采用电动加压油泵

 一点通

钢筋气压焊施焊环境。

① 负温下施工时，对气源设备需要采取适当的保温防冻措施。在 -15℃ 以下施焊时，需要对钢筋接头采取预热和保温缓冷措施。环境温度低于 -20℃ 时不得进行施焊。

② 现场施焊中，风速超过 5.4m/s 时，必须采取有效挡风措施。

③ 雨天、雪天不宜进行钢筋气压焊施工。必须施焊时，应采取有效遮蔽措施。

12.3.3　钢筋安装

钢筋气压焊接头在构件中的设置应符合设计要求，当设计无规定时，需要遵照有关规定执行。

安装焊接夹具和钢筋时，需要将两钢筋分别夹紧，以及使两钢筋的轴线在同一直线上。钢筋安装后，需要加压顶紧，两钢筋间局部缝隙不得大于 3mm。钢筋端面的形状需要符合的规定如图 12-3 所示。

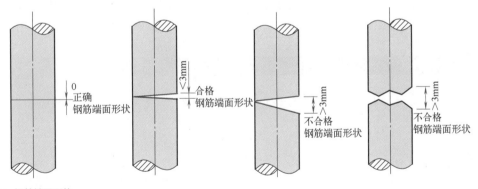

图 12-3　钢筋端面形状

 一点通

施焊前，如果在钢筋端部两倍直径长度范围内有水泥等附着物，需要予以清除。钢筋边角毛刺、端面上铁锈、端面上油污、端面上氧化膜需要清除干净，并且经打磨，使其露出金属光泽，不得有氧化现象。

12.3.4 钢筋焊接外观检查项目和质量要求

钢筋焊接偏心量，不得大于钢筋公称直径的15%，同时不得大于4mm，如图12-4所示。不同直径钢筋相焊接时，根据较小钢筋直径来计算。当超过限量时，需要切除重焊。

两钢筋轴线弯折角不得大于4°。如果超过限量，则需要重新加热矫正。镦粗直径应不小于钢筋公称直径的1.4倍。当小于此限量时，则需要重新加热镦粗，如图12-5所示。

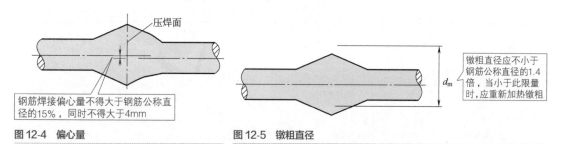

图12-4 偏心量

图12-5 镦粗直径

镦粗长度，需要不小于钢筋公称直径的1.2倍且凸起部分平缓圆滑，如图12-6所示。小于此限量时，则需要重新加热镦长。

压焊面偏移不得大于钢筋公称直径的20%，如图12-7所示。

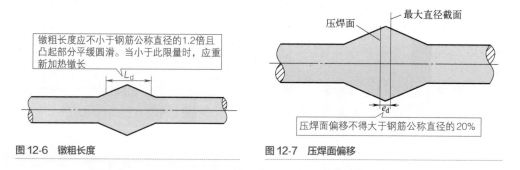

图12-6 镦粗长度

图12-7 压焊面偏移

钢筋气压焊接头不得有环向裂纹。如果发现该种裂纹，则需要切除重焊。镦粗区表面不得有严重烧伤等现象。

12.3.5 钢筋气压焊的安全要点

钢筋气压焊设备的氧气的工作压力不得超过0.8MPa，乙炔的工作压力不得超过0.1MPa。

施工现场必须设置操作平台。脚手架应支搭牢固，并且设有护身栏杆，使钢筋气压焊作业在安稳状态下进行。

上下楼层交叉作业时，需要有防护措施。施工地点附近及其下方，不得有易燃品、爆炸品。

油压表、油泵、油管、顶压油缸等整个液压系统各连接位置不得漏油。应防止因油管微裂而喷出油雾，引起燃烧、爆炸等情况。

施工现场应设置消防设备。

焊接操作人员应戴气焊防护眼镜。高空作业时，应系安全带。工作完毕，需要把全部焊接设备收集妥当，以防止损坏。

钢筋端部加工要求、特点：钢筋端面需要切平，并且宜与钢筋轴线相垂直。钢筋端部如果有弯折或扭曲，则需要矫正或切除。

12.4 钢筋电阻点焊

12.4.1 钢筋电阻点焊压入深度

钢筋电阻点焊压入深度是指在焊接骨架或焊接网的电阻点焊中，两钢筋相互压入的深度，如图 12-8 所示。

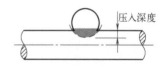

图 12-8 压入深度

12.4.2 钢筋电阻点焊要求

钢筋电阻点焊的一些要求如下。

① 混凝土结构中的钢筋焊接骨架、钢筋焊接网，宜采用电阻点焊制作。

② 钢筋焊接骨架和钢筋焊接网，可以由 HPB235、HRB335、HRB400、CRB550 钢筋制成。焊接网较小钢筋直径不得小于较大钢筋直径的 0.6 倍。两根钢筋直径不同时，焊接骨架较小钢筋直径小于或等于 10mm 时，大、小钢筋直径之比不宜大于 3。较小钢筋直径为 12～16mm 时，大、小钢筋直径之比不宜大于 2。

③ 焊点的压入深度，应为较小钢筋直径的 18%～25%。

④ 钢筋多头点焊机，宜用于同规格焊接网的成批生产。点焊生产时，需要准确调整好各个电极间的距离、电极压力，经常检查各个焊点的焊接电流和焊接通电时间等。采用钢筋焊接网成形机组进行生产时，需要根据设备使用说明有关规定进行安装、调试、操作，以及根据钢筋直径选用合适电极压力、焊接通电时间。

⑤ 点焊生产中，需要经常保持电极与钢筋间接触面的清洁平整。如果电极使用变形时，则需要及时修整。

⑥ 钢筋点焊生产过程中，需要随时检查制品的外观质量。发现焊接缺陷时，则需要查找原因，以及采取措施及时消除。

电阻点焊，需要根据钢筋牌号、直径、焊机性能等具体情况，选择合适的变压器级数、焊接通电时间、电极压力等参数。在电阻点焊的工艺过程中，应包括预压、通电、锻压等阶段。

12.5　钢筋电弧焊

12.5.1　钢筋电弧焊要求

钢筋电弧焊包括帮条焊、搭接焊、坡口焊、窄间隙焊、熔槽帮条焊等接头形式。焊接时，需要符合的一些要求如下。

① 需要根据钢筋牌号、直径、接头形式、焊接位置来选择焊条、焊接工艺、焊接参数。

② 焊接过程中，需要及时清渣。焊缝表面需要光滑。焊缝余高需要平缓过渡。弧坑需要填满。

③ 焊接时，引弧需要在垫板、帮条、形成焊缝的部位进行，不得烧伤主筋。

④ 焊接地线与钢筋，需要接触紧密。

12.5.2　钢筋电弧焊帮条焊要求

进行帮条焊时，宜采用双面焊（图 12-9）。不能进行双面焊时，方可采用单面焊。帮条直径与主筋相同时，帮条牌号可与主筋相同或低一个牌号。帮条牌号与主筋相同时，帮条直径可与主筋相同或小一个规格。

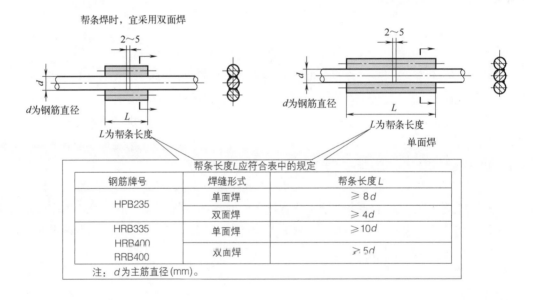

钢筋牌号	焊缝形式	帮条长度 L
HPB235	单面焊	$\geqslant 8d$
	双面焊	$\geqslant 4d$
HRB335 HRB400 RRB400	单面焊	$\geqslant 10d$
	双面焊	$\geqslant 5d$

注：d 为主筋直径(mm)。

图 12-9　钢筋帮条长度应符合的规定

12.5.3　钢筋电弧焊搭接焊要求

进行搭接焊时，宜采用双面焊。不能进行双面焊时方可采用单面焊。搭接的长度与钢筋帮条的长度需要符合规定。

帮条焊接头或搭接焊接头的焊缝厚度 s，不应小于主筋直径的 30%。焊缝宽度 b 不应小于主筋直径的 80%，如图 12-10 所示。

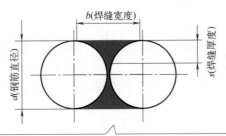

帮条焊接头或搭接焊接头的焊缝厚度不应小于主筋直径的30%；
帮条焊接头或搭接焊接头的焊缝宽度不应小于主筋直径的80%

图 12-10　帮条焊接头或搭接焊接头的焊缝厚度规定

　一点通

进行帮条焊或搭接焊时，钢筋装配与焊接需要符合的一些要求如下。

① 焊接时，需要在帮条焊或搭接焊形成的焊缝中引弧。端头收弧前，需要填满弧坑，以及应使主焊缝与定位焊缝的始端和终端熔合。

② 进行帮条焊时，两主筋端面的间隙应为 2 ～ 5mm。

③ 进行搭接焊时，焊接端钢筋应预弯，以及应使两钢筋的轴线在同一直线上。

④ 进行帮条焊时，帮条与主筋间应用四点定位焊固定。进行搭接焊时，应用两点固定。定位焊缝与帮条端部或搭接端部的距离，宜大于或等于20mm。

12.5.4　钢筋电弧焊熔槽帮条焊要求

熔槽帮条焊，适用于直径20mm 及以上钢筋的现场安装焊接。焊接时，需要加角钢作垫板模。熔槽帮条焊，接头形式（图 12-11）、角钢尺寸、焊接工艺，需要符合的一些要求如下。

① 角钢边长，宜为 40 ～ 60mm。

② 钢筋端头，应加工平整。

③ 焊接过程中，应停焊清渣 1 次。焊平后，再进行焊缝余高的焊接，其高度不得大于 3mm。

④ 钢筋与角钢垫板间，需要加焊侧面焊缝 1 ～ 3 层。焊缝要饱满，表面要平整。

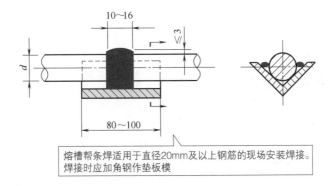

熔槽帮条焊适用于直径20mm及以上钢筋的现场安装焊接。焊接时应加角钢作垫板模

图 12-11　熔槽帮条焊接头形式

从接缝处垫板引弧后应连续施焊，以及应使钢筋端部熔合，防止未焊透、气孔、夹渣等缺陷。

12.5.5　钢筋电弧焊窄间隙焊要求

窄间隙焊适用于直径16mm及以上钢筋的现场水平连接。焊接时，钢筋端部应置于铜模中，并应留出一定间隙，用焊条连续焊接，熔化钢筋端面和使熔敷金属填充间隙，形成接头

图12-12　窄间隙焊接头

窄间隙焊适用于直径16mm及以上钢筋的现场水平连接。焊接时，钢筋端部需要置于铜模中，以及留出一定间隙，用焊条连续焊接，熔化钢筋端面与使熔敷金属填充间隙，形成接头（图12-12）。

窄间隙焊焊接工艺需要符合的一些要求如下。

① 钢筋端面需要平整。

② 需要选用低氢型碱性焊条。

③ 从焊缝根部引弧后，需要连续进行焊接，左右来回运弧。

④ 在钢筋端面处电弧，需要少许停留，以便熔合得更好。

⑤ 焊到端面间隙的4/5高度后，焊缝逐渐扩宽。

⑥ 焊缝余高不得大于3mm，并且需要平缓过渡到钢筋表面。

⑦ 端面间隙、焊接参数，可根据表12-7来选用。

表12-7　窄间隙焊端面间隙与焊接参数

钢筋直径/mm	端面间隙/mm	焊条直径/mm	焊接电流/A
16	9～11	3.2	100～110
18	9～11	3.2	100～110
20	10～12	3.2	100～110
22	10～12	3.2	100～110
25	12～14	4	150～160
28	12～14	4	150～160
32	12～14	4	150～160
36	13～15	5	220～230
40	13～15	5	220～230

熔池过大时，应改连续焊为断续焊，以免过热。

12.5.6　预埋件钢筋电弧焊T形接头要求

预埋件钢筋电弧焊T形接头，可以分为角焊、穿孔塞焊。

预埋件钢筋电弧焊 T 形接头装配、焊接时需要符合的一些要求如下。

① 采用 HPB235 钢筋时，角焊缝焊脚（k）不得小于钢筋直径的 50%。

② 采用 HRB335 和 HRB400 钢筋时，焊脚（k）不得小于钢筋直径的 60%，如图 12-13 所示。

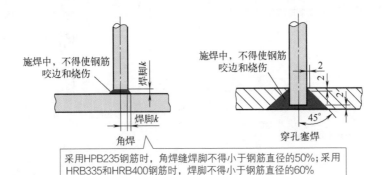

图 12-13　预埋件钢筋电弧焊 T 形接头

施焊中，不得使钢筋出现咬边、烧伤等缺陷。

12.5.7　钢筋与钢板搭接焊要求

钢筋与钢板搭接焊时，焊接接头需要符合的一些要求，如图 12-14 所示。

图 12-14　钢筋与钢板搭接焊时焊接接头要求

12.5.8　坡口焊的要求

坡口焊的准备工作、焊接工艺需要符合的一些要求如下。

① 钢垫板厚度宜为 4 ～ 6mm，长度宜为 40 ～ 60mm。

② 钢垫板平焊时，垫板宽度需要为钢筋直径加 10mm。

③ 钢垫板立焊时，垫板宽度宜等于钢筋直径。

④ 焊缝的宽度，需要大于 V 形坡口的边缘 2 ～ 3mm，焊缝余高不得大于 3mm，并且需要平缓过渡到钢筋表面。

⑤ 钢筋与钢垫板间，需要加焊两层、三层侧面焊缝。

⑥ 坡口面要平顺，切口边缘不得有裂纹、钝边、缺棱等。钢筋焊接坡口角度参考数据如图 12-15 所示。

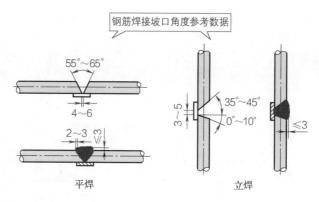

图 12-15　钢筋焊接坡口角度参考数据

发现接头中有弧坑、气孔、咬边等缺陷时，需要立即补焊。

12.6　电渣压力焊

12.6.1　电渣压力焊的适用性与要求

　　电渣压力焊适用于柱、墙、构筑物等现浇混凝土结构中竖向受力钢筋的连接；不得在竖向焊接后横置于梁、板等构件中作水平钢筋用。

　　钢筋电渣压力焊的要求如下。

　　① 电渣压力焊焊机容量，需要根据所焊钢筋直径来选定。

　　② 焊接夹具，需要具有足够刚度。在最大允许荷载下，要移动灵活，要操作便利。

　　③ 进行电渣压力焊时，电压表、时间显示器要配备齐全。

　　④ 焊接夹具的上下钳口，要夹紧在上、下钢筋上。

　　⑤ 进行电渣压力焊时，钢筋一经夹紧，不得晃动。

　　⑥ 引弧可采用直接引弧法，或铁丝圈（焊条芯）引弧法。

　　⑦ 引燃电弧后，先进行电弧过程，再加快钢筋下送的速度，使钢筋端面与液态渣池接触，转变为电渣过程。最后在断电的同时，迅速下压上钢筋，挤出熔化金属与熔渣。

　　⑧ 接头焊毕，需要稍作停歇，才可以回收焊剂、卸下焊接夹具。

　　⑨ 接头焊毕，敲去渣壳后，四周焊包凸出钢筋表面的高度不得小于4mm。

　　在焊接生产中焊工需要进行自检。发现弯折、偏心、烧伤等焊接缺陷时，需要查找原因、采取措施，及时消除。

12.6.2　电渣压力焊的焊接参数

电渣压力焊的焊接参数，包括焊接电流、焊接电压、通电时间。采用 HJ431 焊剂时，需要符合的规定，见表 12-8。

表 12-8　电渣压力焊焊接参数

钢筋直径/mm	焊接电流/A	焊接电压（电弧过程）/V	焊接电压（电渣过程）/V	焊接通电时间（电弧过程）/s	焊接通电时间（电渣过程）/s
14	200～220	35～45	18～22	12	3
16	220～250	35～45	18～22	14	4
18	250～300	35～45	18～22	15	5
20	300～350	35～45	18～22	17	5
22	350～400	35～45	18～22	18	6
25	400～450	35～45	18～22	21	6
28	500～550	35～45	18～22	24	6
32	600～650	35～45	18～22	27	7

 一点通

采用专用焊剂或自动电渣压力焊机时，需要根据焊剂或焊机使用说明有关推荐的数据，通过试验来确定。不同直径钢筋焊接时，上下两钢筋轴线需要在同一直线上。

第 *13* 章

不锈钢与不锈钢防盗窗门焊接安装技能

13.1 不锈钢基础

13.1.1 不锈钢的特点

钢铁在大气中会自然生锈，如图 13-1 所示。为此，不锈钢的应用逐步得到广泛应用。

锈

碳钢

图 13-1 钢铁在大气中会自然生锈

不锈钢，是指在空气、水、盐水、酸、碱等腐蚀介质中具有高的化学稳定性的一种钢。不锈钢耐腐蚀机理如图 13-2 所示。铬是构成不锈钢的基石，即它形成了保护性氧化膜。

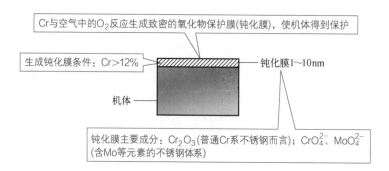

Cr与空气中的O_2反应生成致密的氧化物保护膜(钝化膜)，使机体得到保护

生成钝化膜条件：Cr>12%

钝化膜1~10nm

机体

钝化膜主要成分：Cr_2O_3(普通Cr系不锈钢而言)；CrO_4^{2-}、MoO_4^{2-}(含Mo等元素的不锈钢体系)

图 13-2 不锈钢耐腐蚀机理

不锈钢钢种合金元素的作用，如图 13-3 所示。不锈钢的耐腐蚀性、抗氧化性与化学成分密切相关。

C ⟶ 奥氏体稳定化元素；易生成$Cr_{23}C_6$，降低耐腐蚀性能

Cr ⟶ 生成钝化膜，提高耐腐蚀性能

N ⟶ 提高奥氏体不锈钢耐腐蚀性能，N和Mo的协同作用能显著提高其耐腐蚀性能

Ni ⟶ 扩大奥氏体，提高抗磨蚀性，高温韧性提高，改善力学性能和可焊性

Mo、Cu ⟶ 提高某些不锈钢耐腐蚀性能

Mn ⟶ 稳定奥氏体，降低耐腐蚀性能

Ti、Nb ⟶ 消除晶间腐蚀

稀土元素 ⟶ 主要在于改善工艺性能方面。在奥氏体和奥氏体-铁素体不锈钢中加0.02%～0.5%的稀土元素(铈镧合金)，可显著改善锻造性能

硫(S) ⟶ 对强度影响不大，但使塑韧性大幅下降，常用作提高切削性能，硫一般为残余元素

磷(P) ⟶ 是不锈钢中残余元素，在奥氏体钢中磷的危害不像一般钢中那样显著，磷稍有强化作用

铝(Al) ⟶ 稳定铁素体元素，可以提高耐高温氧化性能，改善焊接性能等，但铝会降低抗硝酸腐蚀能力

图 13-3　不锈钢钢种合金元素的作用

铬（Cr）含量对钢大气腐蚀行为的影响如图 13-4 所示。

不锈钢铬、镍当量的组织如图 13-5 所示。

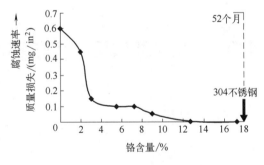

图 13-4　铬（Cr）含量对钢大气腐蚀行为的影响

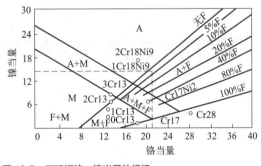

图 13-5　不锈钢铬、镍当量的组织

钢种对应如下。

00Cr16Mn8Ni3N → 204L。

00Cr17Mn6Ni4N → 201L。

0Cr17Mn6Ni5Cu2N → 211。

0Cr17Ni12Mo2N → 316N。

0Cr18Mn8Ni5N → 204。

0Cr18Ni9 → 304。

0Cr18Ni9N → 304N。

0Cr20Mn8Ni6Mo2N → 216。

1Cr17Mn6Ni5N → 201。

1Cr18Mn8Ni5N → 202。

2Cr17Mn15Ni2N → 205。

 一点通

　　在酸、碱等介质中具有抗腐蚀能力的钢称为耐酸钢。能抵抗大气、水等介质腐蚀的不锈钢不一定耐酸，耐酸钢肯定是能抵抗大气、水等介质腐蚀的。习惯上都称为不锈钢，但是有区别的。不锈钢在空气中的年腐蚀量在 0.01mm。耐酸钢在强酸、强碱介质中的年腐蚀量在 0.1mm 以内。耐热钢包括抗氧化钢和热强钢。

13.1.2　不锈钢典型分类、性能与用途

　　不锈钢的分类方法很多：

　　根据室温下的组织结构分类——有马氏体型、奥氏体型、铁素体、双相不锈钢；

　　根据主要化学成分分类——基本上可分为铬不锈钢、铬镍不锈钢、铬锰氮不锈钢；

　　根据用途——有耐硝酸不锈钢、耐硫酸不锈钢、耐海水不锈钢等；

　　根据耐蚀类型——可分为耐点蚀不锈钢、耐应力腐蚀不锈钢、耐晶间腐蚀不锈钢等；

　　根据功能特点分类——可分为无磁不锈钢、易切削不锈钢、低温不锈钢、高强度不锈钢等。

　　工业上应用的不锈钢，主要根据金相组织可分为：铁素体不锈钢、奥氏体不锈钢、双相不锈钢、马氏体不锈钢。

　　不锈钢典型分类、性能与用途见表 13-1。不锈钢典型分类如图 13-6 所示。

表 13-1　不锈钢典型分类、性能与用途

分类	成分特点	磁性	主要性能	主要用途
铁素体不锈钢	Cr：11%～15%；16%～20%；21%～30%	有	膨胀系数小、抗氧化性好、热导率大、抗应力腐蚀优良、耐点蚀、缝隙腐蚀强度高、冷加工性能好、焊接性能差	交通运输、家用电器、厨房设备、汽车、环保、市政建设等领域
奥氏体不锈钢	18% Cr+8Ni；高 Cr-Ni 系列钢；在 18% Cr+8Ni 基础上增加 Cr、Ni 含量并且加入 Mo、Cu、Si、Nb、Ti 等元素	无	韧性和塑性较高、耐晶间腐蚀性能较好、原料成本高、强度低、硬度小、加工性能好	化学、轻工、石油、食品、医药等领域
双相不锈钢	Cr 18%～28%；Ni 3%～10%。含有 Cu、Si、Mo、Nb、Ti、N 等元素	有	兼有奥氏体和铁素体不锈钢的特点。耐晶间腐蚀与耐氯化物应力腐蚀有明显提高，优良的耐孔蚀性能	化工、造纸、石油、海洋等领域
马氏体不锈钢	12%～18% Cr+0.2%～1% C+Ni；Si、Mo、Ti、V 等元素	有	保持一定的耐腐蚀性能，具有较高强度、硬度、耐磨性能	餐具、蒸汽轮机叶片、外科手术器械等领域

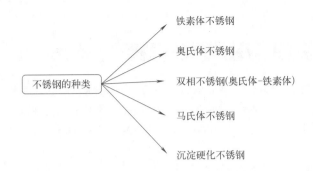

图 13-6　不锈钢典型分类

铁素体不锈钢 -400 系列（Fe-Cr）元素含量见表 13-2。

表 13-2　铁素体不锈钢 -400 系列（Fe-Cr）元素含量　　　　单位：%

牌号	Cr	Mo	N（最大）	C（最大）
409	11	—	0.03	0.03
430	17	—	0.03	0.12
439	17	—	0.04	0.12
436	16	1.0	—	0.12
444	18	2.0	0.035	0.025
XM-27	26	1.0	0.015	0.01

300 系列奥氏体不锈钢（Fe-Cr-Ni，Fe-Cr-Ni-Mo）元素含量见表 13-3。

表 13-3　300 系列奥氏体不锈钢（Fe-Cr-Ni，Fe-Cr-Ni-Mo）元素含量　　单位：%

牌号	Cr	Ni	Mo	N	C（最大）
304	19	9	—	0.06	0.08
304L	19	9	—	0.06	0.03
321	18	10	——	0.04	0.08
316	17	11	2.2	0.06	0.08
316L	17	11	2.2	0.06	0.03
317L	18	12	3.2	0.06	0.03

200 系列奥氏体不锈钢（Fe-Cr-Mn-Ni）元素含量见表 13-4。

表 13-4　200 系列奥氏体不锈钢（Fe-Cr-Mn-Ni）元素含量　　　　单位：%

牌号	Cr	Ni	Mn	N
201	16 ～ 18	3.5 ～ 5.5	5.5 ～ 7.5	最大 0.25
202	17 ～ 19	4 ～ 6	7.5 ～ 10	最大 0.25
205	16 ～ 18	1.0 ～ 1.75	14 ～ 15.5	0.32 ～ 0.4

双相不锈钢元素含量见表 13-5。

表 13-5　双相不锈钢元素含量　　　　单位：%

牌号	UNS 编号	Cr	Ni	Mo	N	Mn
2101	S32101	21.5	1.5	0.3	0.22	5.0
2304	S32304	23.0	4.8	0.3	0.10	—
2205	S32205	22.0	5.7	3.1	0.17	—
2507	S32750	25.0	7.0	4.0	0.27	—

 一点通

没有铬，就没有不锈钢。没有镍，就没有优质的不锈钢，没有优质的不锈钢，就没有现代化的工业。不锈耐蚀性与不锈钢有无磁性没有任何关系。含镍奥氏体不锈钢之所以仍然在全世界不锈钢用量中占主导地位，是因为它们综合性能非常好，用途多样，容易获得，容易使用。

13.1.3　常用不锈钢的特性与用途

常用不锈钢的特性与用途见表 13-6。

表 13-6　常用不锈钢的特性与用途

类型	钢号	特性	用途
奥氏体不锈钢	301、17Cr-7Ni- 低碳	（1）与 304 钢相比，Cr、Ni 含量少，冷加工时抗拉强度、硬度增高 （2）无磁性，但是冷加工后有磁性	航空器、列车、传送带、车辆、螺母、弹簧、螺栓、筛网等
	301L、17Cr-7Ni-0.1N- 低碳	（1）在 301 钢基础上，降低 C 含量，改善焊口的抗晶界腐蚀性 （2）通过添加 N 元素弥补含 C 量降低引起的强度不足，保证钢的强度	铁道车辆构架及外部装饰材料等
	304、18Cr-8Ni	（1）为一种用途广泛的钢，具有良好的耐蚀性、良好的耐热性、低温强度和机械特性 （2）冲压、弯曲等热加工性好 （3）无热处理硬化现象 （4）无磁性，使用温度 -196～800℃	医疗器械、建材、化学、家庭用品、食品工业、农业、船舶部件等
	304L、18Cr-8Ni- 低碳	（1）作为低 C 的 304 钢，在一般状态下，其耐蚀性与 304 钢相似 （2）在焊接后或者消除应力后，其抗晶界腐蚀能力优秀 （3）在未进行热处理的情况下，能保持良好的耐蚀性，使用温度 -196～800℃	（1）应用于建材耐热零件、热处理有困难的零件 （2）应用于抗晶界腐蚀要求高的化学、煤炭、石油产业的野外露天机器
	304Cu	（1）添加 Cu 后其成形性，特别是拔丝性、抗时效裂纹性好，可进行复杂形状的产品成形 （2）其耐腐蚀性与 304 相同	保温饭盒、门把手、保温瓶、厨房洗涤槽、锅、壶、纺织加工机器等
	304N1、18Cr-8Ni-N	在 304 钢的基础上，减少了 S、Mn 含量，添加 N 元素，防止塑性降低，提高强度，减少钢材厚度	路灯、贮水罐、构件、水管等
	304N2、18Cr-8Ni-N	与 304 钢相比，添加了 N、Nb，为结构件用的高强度钢	路灯、构件、贮水罐等
	316、18Cr-12Ni-2.5Mo	（1）添加 Mo，故其耐蚀性、耐大气腐蚀性、高温强度特别好，可在苛刻的条件下使用 （2）加工硬化性优（无磁性）	（1）海水里用设备、化学、染料、造纸、草酸、肥料等 （2）生产设备；照相、食品工业、沿海地区设施、螺栓、绳索、CD 杆、螺母等
	316L、18Cr-12Ni-2.5Mo- 低碳	作为 316 钢种的低 C 系列，除与 316 钢有相同的特性外，其抗晶界腐蚀性优	316 钢的用途中，对抗晶界腐蚀性有特别要求的产品
	321、18Cr-9Ni-Ti	（1）在 304 钢中添加 Ti 元素防止晶界腐蚀 （2）适合在 430～900℃温度下使用	排气管、航空器、锅炉汽包等

续表

类型	钢号	特性	用途
马氏体不锈钢	410、13Cr- 低碳	（1）作为马氏体钢的代表钢，虽然强度高，但不适合在苛酷的腐蚀环境下使用 （2）加工性好等特点	机械零件、石油精炼装置、螺母、刀刃、机螺栓、泵杆、1 类餐具（刀叉）等
	420J1、13Cr-0.2C	淬火后硬度高、耐蚀性好（有磁性）	餐具（刀）、涡轮机叶片等
	420J2、13Cr-0.3C	淬火后比 420J1 钢硬度升高（有磁性）	阀门、板尺、刀刃、管嘴、餐具（剪刀、刀）等
	410、13Cr- 低碳	（1）作为马氏体钢的代表钢，强度高 （2）不适合于苛酷的腐蚀环境下 （3）加工性好	机械零件、石油精炼装置、螺栓、刀刃、螺母、泵杆、1 类餐具（刀叉）等
	420J1、13Cr-0.2C	淬火后硬度高、耐蚀性好（有磁性）	餐具（刀）、涡轮机叶片等
	420J2、13Cr-0.3C	淬火后比 420J1 钢硬度升高（有磁性）	管嘴、阀门、刀刃、板尺、餐具（剪刀、刀）等
铁素体不锈钢	409L、11.3Cr-0.17Ti- 低碳、氮	添加了 Ti 元素，其高温耐蚀性、高温强度较好	汽车排气管、热交换机、集装箱等在焊接后不热处理的产品等
	410L、13Cr- 低 C	在 410 钢的基础上，降低了含 C 量，其加工性，抗焊接变形，耐高温氧化性优秀	机械构造用件、发动机排气管、锅炉燃烧器，燃烧室等
	430、16Cr	作为铁素体钢的代表钢种，热膨胀率低，成形性及耐氧化性优	燃烧器、耐热器具、家电产品、2 类餐具、厨房洗涤槽、外部装饰材料、螺母、螺栓、筛网等
	430J1L、18-Cr0.5Cu-Nb- 低碳、氮	（1）在 430 钢中，添加了 Cu、Nb 等元素 （2）其耐蚀性、成形性、焊接性、耐高温氧化性良好	汽车零件、建筑外部装饰材料、冷热水供给设备等
	436L/18Cr-1Mo-Ti、Nb、Zr 低碳、氮	耐热性、耐磨蚀性良好，因含有 Nb、Zr 元素，其加工性和焊接性优秀	汽车排气管、洗衣机、电子产品、3 层底的锅等

13.1.4 中国与美国、日本不锈钢钢号近似对照

中国与美国、日本不锈钢钢号近似对照见表 13-7。

表 13-7 中国与美国、日本不锈钢钢号近似对照

类别	中国	美国	日本
奥氏体不锈钢	1Cr17Mn6Ni5N	201	SUS201
	1Cr18Mn8Ni5N	202	SUS202
	1Cr17Ni7	301	SUS301
	1Cr18Ni9	302	SUS302
	Y1Cr18Ni9	303	SUS303
	Y1Cr18Ni9Se	303Se	SUS303Se
	0Cr19Ni9	304	SUS304
	0Cr18Ni9	304II	SUS304
	00Cr19Ni10	304L	SUS 304L
	00Cr18Ni10	304L	SUS 304L
	0Cr19Ni19N	304N	SUS304N1
	0Cr19Ni10NbN	XM21	SUS304N2
	00Cr18Ni10N	304LN	SUS304LN

续表

类别	中国	美国	日本
奥氏体（不锈钢）	1Cr18Ni12	305	SUS305
	1Cr18Ni12Ti	305	SUS305
	0Cr23Ni13	309S	SUS309S
	0Cr25Ni20	310S	SUS310S
	1C 25Ni20Si2	310S	SUS310S
	0Cr17Ni12Mo2	316	SUS316
	0Cr18Ni12MoTi	316 Ti	—
	00Cr17Ni14Mo2	316L	SUS316L
	0Cr17Ni12Mo2N	316N	SUS316N
	00C 17Ni13Mo2N	316LN	SUS316LN
	0Cr18Ni12Mo2Cu2	—	SUS316J1
	00Cr18Ni14Mo2Cu2	—	SUS316J 1L
	0Cr19Ni13Mo3	317	SUS317
马氏体不锈钢	Cr13 型	410	SUS410
	1Cr17	430	SUS430
	1Cr17Ni2	431	SUS431
	9Cr18	440C	SUS440c
铁素体不锈钢	0Cr13	410S	SUS410S
	00Cr17Ti	—	—
	00Cr18Mo2Ti	—	—

13.1.5　高氮不锈钢

高氮钢是近年来随着冶金科技的进步出现的一种新型的工程材料。高氮钢是材料中的实际含量超过了在常压下（0.1MPa）制备材料所能达到的极限值的钢。

含氮不锈钢如图 13-7 所示。N 与其他元素（Mn、Cr、V、Nb、Ti 等）作用，改善钢的多种性能：大的蠕变抗力、高强度、高韧性、良好的耐腐蚀性能等。

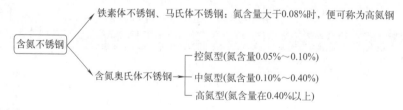

图 13-7　含氮不锈钢

高氮钢分类、氮含量、主要钢种与性能见表 13-8。

表 13-8　高氮钢分类、氮含量、主要钢种与性能

分类	氮含量 /%	主要钢种	性能特点
奥氏体不锈钢	＜ 1.20 ～ 2.80	Cr18Mn11N、Cr18Mn12Si2N0.7、Cr25Mn11Si3N、Cr15Ni4Mo2N 等	（1）室温强度显著提高，低温冲击韧性明显改善 （2）持久强度提高而断裂韧性不明显下降 （3）具有优良的耐蚀性能，抗应力腐蚀 （4）奥氏体化稳定，无磁化稳定

续表

分类	氮含量 /%	主要钢种	性能特点
铁素体不锈钢	0.08 ～ 0.60	Cr12MoVN 等	高温蠕变性能改善，蒸汽透平叶片工作温度提高到 873K
高速工具钢	＜ 0.20	W6Cr5V2N、W5Cr5V2N、W2Cr6V2N 等	（1）结晶组织细小 （2）氮化物弥散分布，不易聚集 （3）热硬性强，黏着系数低
热作模具钢	0.02 ～ 0.16	55NiCrMoV7N、3Cr4Mo2VN、30WCrMoVN 等	（1）结晶组织细小 （2）易加工，强度及韧性改善 （3）工作温度提高到 973K
冷作模具钢	0.05 ～ 0.60	55CrVMoN 等	工作温度可提高到 773K
结构钢	0.05 ～ 0.20	38CrNi3MoVN 等	（1）韧性改善 （2）冷脆转折温度明显下降

13.1.6　201 不锈钢与 304 不锈钢的区别

201 不锈钢与 304 不锈钢的区别见表 13-9。

表 13-9　201 不锈钢与 304 不锈钢的区别

属性	201 不锈钢	304 不锈钢
简介	（1）201 不锈钢材具有一定的耐酸、耐碱性能，密度高，抛光无气泡、无针孔等特点 （2）201 不锈钢材耐酸、耐碱性能一般，主要用于管材、工业管 （3）201 不锈钢材是生产各种表壳、表带底盖优质材料等 （4）201 不锈钢材主要用于做装饰管、工业管、一些浅拉伸的制品	（1）304 不锈钢是不锈钢中常见的一种材质，密度为 7.93g/cm³，业内也叫作 18/8 不锈钢 （2）304 不锈钢耐高温 800℃，具有加工性能好，韧性高的特点 （3）304 不锈钢广泛使用于工业与家具装饰行业、食品医疗行业 （4）304 不锈钢耐腐蚀好、韧性好 （5）304 不锈钢主要用于热轧板、冷拔管等
化学成分对比	C：≤ 0.15% Si：≤ 0.75% Mn：5.5% ～ 7.5% Cr：16.0% ～ 18.0% N：≤ 0.25% P：≤ 0.06% S：≤ 0 03% Ni：3.50% ～ 5.50% Cu：半铜 0.8%，高铜 1.5%	C：≤ 0.07% Si：≤ 1% Mn：≤ 2% Cr：17% ～ 19% — P：≤ 0.035% S：≤ 0 03% Ni：8% ～ 11%
物理性能	抗拉强度：520MPa 条件屈服强度：275MPa 熔点：1398 ～ 1454℃	抗拉强度：≥ 520MPa 条件屈服强度：≥ 205MPa 熔点：1398 ～ 1454℃
防锈性能	201 不锈钢含锰较多，容易生锈 201 不锈钢的耐腐蚀性能很差，不如 304 不锈钢 201 不锈钢含镍量为 4%	304 不锈钢含铬较多，表面呈现亚光，不生锈 304 不锈钢的含镍量高，耐腐蚀性能良好 304 不锈钢镍含量为 8%
钢种	201 不锈钢是节 Ni 钢种	304 不锈钢为铬镍钢种，18Cr-9Ni
价格	201 不锈钢比 304 不锈钢便宜	304 不锈钢比 201 不锈钢贵
适用用途	（1）生产各种表壳、表带底盖的优质材料。主要用于装饰管、装饰类面板、工业管、餐具、外科手术器械、一些浅拉伸的制品、蒸汽轮机叶片、水槽厨具、器皿、水箱等 （2）不宜拉丝表面处理，宜镜面处理	（1）家庭用品类餐具、橱柜、室内管线、热水器、医疗器具、建材、装饰装修、化学、锅炉、浴缸、汽车配件、食品工业、农业、船舶部件等 （2）宜拉丝表面处理，宜镜面处理

13.1.7　奥氏体不锈钢焊接材料的选择

奥氏体不锈钢焊接材料的选择见表 13-10。

表 13-10　奥氏体不锈钢焊接材料的选择

钢材牌号	焊条		气体保护焊焊丝	埋弧焊材料		使用状态
	型号	牌号		焊丝	焊剂	
0Cr23Ni13	E309-16	A302	H1Cr24Ni13	—	—	焊态
2Cr23Ni13				—	—	
0Cr25Ni20	E310-16	A402	H0Cr26Ni21	—	—	
2Cr25Ni20			H1Cr21Ni21	—	—	
0Cr19Ni9	E308-16	A102	H0Cr21Ni10	H0Cr21Ni10	HJ260 HJ151	焊态或固溶处理
1Cr18Ni9	E308-15	A107				
0Cr17Ni12Mo2	E316-16	A202	H0Cr19Ni12Mo2	H0Cr19Ni12Mo2		
0Cr19Ni13Mo3	E317-16	A242	H0Cr20Ni14Mo3			
00Cr19Ni11	E308L-16	A002	H00Cr21Ni10	H00Cr21Ni10	HJ172 HJ151	焊态或消除应力处理
00Cr17Ni14Mo2	E316L-16	A022	H00Cr19Ni12Mo2	H00Cr19Ni12Mo2		
1Cr18Ni9Ti	E347-16	A132	H0Cr20Ni10Ti H0Cr20Ni10Nb	H0Cr20Ni10Ti H0Cr20Ni10Nb		焊态或稳定化和消除应力处理
0Cr18Ni11Ti						
0Cr18Ni11Nb						

 一点通

化学成分对奥氏体不锈钢热裂纹的影响如下。

Si：增加热裂倾向元素。

B：形成低熔点共晶元素。

C：增加热裂倾向元素。

Mn：有利元素。

Nb：能形成低熔点共晶物元素。

S、P：易形成低熔点化合物元素。

Ti：与 Nb 基本相同元素。

13.1.8　奥氏体不锈钢焊接接头晶间腐蚀可能部位

奥氏体不锈钢焊接接头晶间腐蚀可能部位如图 13-8 所示。

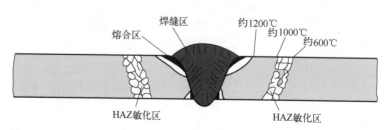

图 13-8　奥氏体不锈钢焊接接头晶间腐蚀可能部位

13.1.9 马氏体不锈钢的焊接工艺特点

马氏体不锈钢的焊接工艺特点见表 13-11。

表 13-11 马氏体不锈钢的焊接工艺特点

焊接方法	适用性	适用板厚 /mm	说明
手工 TIG	较适用	0.5 ~ 3	主要用于薄壁构件及其他重要部件的封底焊，焊接质量高，焊缝成形美观。大于 3mm 可以用多层焊、但效率不高
自动 TIG	较适用	0.5 ~ 3	小于 0.5mm 操作要求严格，大于 4mm 可以用多层焊
MIG	较适用	3 ~ 8	开坡口，可以单面焊双面成形
		> 8	开坡口，多层焊
PC-MIG	较适用	> 2	线能量小，工艺参数调节范围广
SMAW	适用	> 1.5	焊条需经过 300 ~ 350℃高温烘干，以减少扩散氢的含量，降低焊接冷裂纹的敏感性

13.1.10 A-F 双相不锈钢的焊接工艺特点

A-F 双相不锈钢的焊接工艺特点见表 13-12。

表 13-12 A-F 双相不锈钢的焊接工艺特点

项目	解　释
焊接方法	氩弧焊、SMAW、药芯焊丝 MAG、SAW 用于厚板等
焊接材料	（1）采用奥氏体化元素多的焊材 （2）采用奥氏体相占比例大的焊接材料，来提高焊接金属中奥氏体相的比例，对提高焊缝金属的塑性、韧性、耐蚀性均是有益的 （3）对于含氮的双相不锈钢、超级双相不锈钢的焊接材料，采用比母材 Ni 含量高的焊材，以保证焊缝金属有足够的奥氏体量。通过调整焊缝化学成分，双相钢均能获得令人满意的焊接性
焊接工艺措施	（1）控制焊接热输入 （2）采用多层多道焊 （3）注意焊接顺序、工艺焊缝

13.2 不锈钢防盗门窗焊接安装技能

13.2.1 不锈钢防盗窗（网）的材料

不锈钢防盗窗（网）一般采用边长为 25mm 的方管，厚度为 0.6 ~ 1.2mm，中间圆管采用直径为 19mm、20mm 的圆管，如图 13-9 所示。圆管厚度比方管可以薄点。

一点通

常见的不锈钢防盗网管材选配。

① 202 不锈钢：25mm 方管套 19mm 圆

```
管材选配
22mm方管套18mm圆管
22mm方管+19mm方管套16mm圆管
25mm方管套19mm圆管
25mm方管+22mm方管套18mm圆管
```

不锈钢防盗网

图 13-9 不锈钢防盗网管材选配

管，圆管间距大约 9cm，方管厚度 0.8mm。

②304 不锈钢：22mm 方管套 18mm 圆管，圆管间距大约 9cm。

13.2.2　不锈钢防盗窗（网）的结构

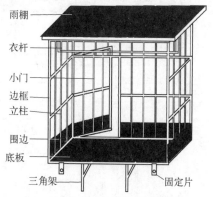

雨棚
衣杆
小门
边框
立柱
围边
底板
三角架　固定片

图 13-10　不锈钢防盗窗（网）的结构

不锈钢防盗窗（网）的结构如图 13-10 所示。

不锈钢防盗窗（网）常见结构名称与规格如下。

① 方管厚度 1mm、1.2mm、1.5mm 等。

② 圆管厚度 1mm、1.2mm、1.5mm 等。

③ 圆管间距大约 9cm（不超过 10cm）、11cm 等。

④ 横管（带）间距不超过 60cm、60cm 左右等。

⑤ 焊接：点焊、满焊等。

⑥ 固定片：加强固定片、普通固定片等。

⑦ 其他：空调门、三脚架、晾衣架、逃生门、顶板、底板等。

一点通

不锈钢防盗网每根钢管的中心距为 110～120mm，净空距为 90～100mm。横向方管间距为 300～400mm。型号规格不同，尺寸也不一样。

13.2.3　不锈钢防盗窗（网）常见形式

不锈钢防盗窗（网）常见形式如图 13-11 所示。

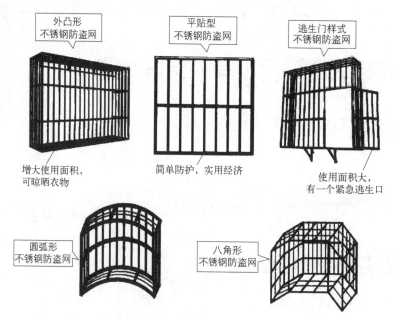

外凸形
不锈钢防盗网
增大使用面积，
可晾晒衣物

平贴型
不锈钢防盗网
简单防护，实用经济

逃生门样式
不锈钢防盗网
使用面积大，
有一个紧急逃生口

圆弧形
不锈钢防盗网

八角形
不锈钢防盗网

图 13-11　不锈钢防盗网常见形式

带花饰的不锈钢防盗窗（网）如图 13-12 所示。

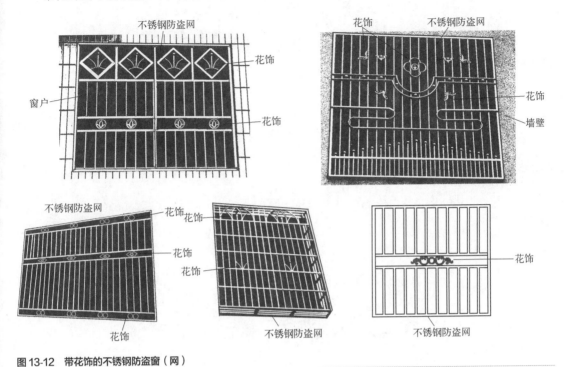

图 13-12 带花饰的不锈钢防盗窗（网）

13.2.4 不锈钢防盗窗（网）的花件

SOS 花件，可以用于楼梯扶手装饰配件、阳台围栏装饰配件、防盗网不锈钢门花等，常见规格有长 300mm × 宽 80mm、长 380mm × 宽 100mm、长 380mm × 宽 80mm、长 500mm × 宽 100mm 等，如图 13-13 所示。

双面船花，常见规格有长 275mm × 高 125mm × 厚 0.3mm、长 275mm × 高 125mm × 厚 0.5mm 等，如图 13-14 所示。

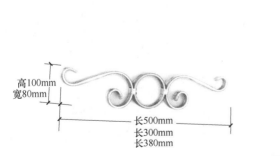

图 13-13 SOS 花件

图 13-14 双面船花

双菱花，常见规格有长 210mm × 高 100mm × 厚 0.5mm、长 290mm × 高 120mm × 厚 0.5mm 等，如图 13-15 所示。

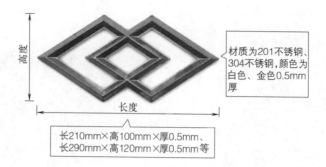

图 13-15　双菱花

三菱花，常见规格有长 280mm × 高 100mm × 厚 0.5mm、长 340mm × 高 120mm × 厚 0.5mm 等，如图 13-16 所示。

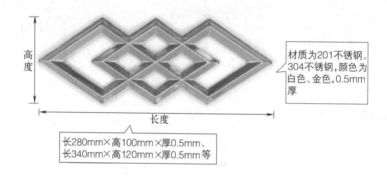

图 13-16　三菱花

13.2.5　不锈钢防盗门焊接与安装

不锈钢拉闸结构如图 13-17 所示。

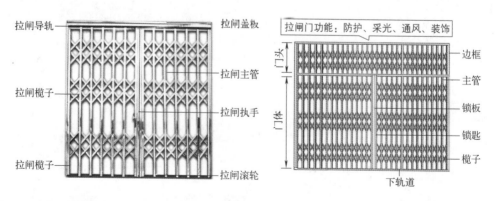

图 13-17　不锈钢拉闸结构

不锈钢拉闸常见形式如图 13-18 所示。

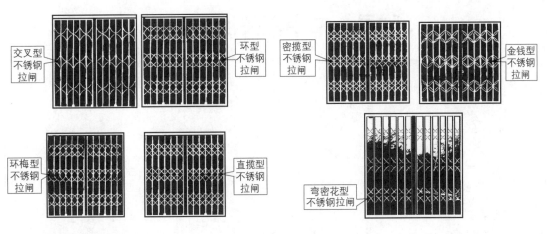

图 13-18　不锈钢拉闸常见形式

不锈钢拉闸门安装类型如图 13-19 所示。

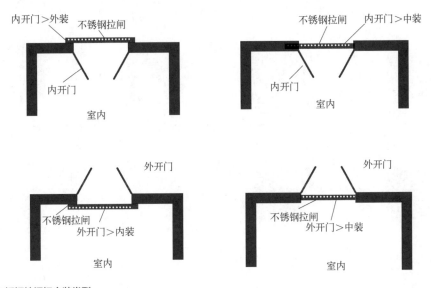

图 13-19　不锈钢拉闸门安装类型

 一点通

　　安装不锈钢拉闸门窗（网）的膨胀螺栓常见规格为直径 8mm，长度 80mm 等。不锈钢门常用的不锈钢材料规格：主管用 75mm×45mm 的方管，中间档子用 25mm×38mm 的方管，厚度 1.5mm 或者以上等。

附录　书中相关视频汇总

焊接的概念	焊缝形式	焊条电弧焊的特点	焊条电焊机与其使用安全
焊条电弧焊基本操作	电弧焊的接头	焊条电弧焊的运条——正三角形运条	焊条电弧焊的运条——斜三角形运条
焊条电弧焊的运条——锯齿形运条	焊条电弧焊的运条——月牙形运条	焊条电弧焊的运条——斜圆圈形运条	焊缝的起头
焊缝的接头	立焊握钳方法	气焊的工作原理	乙炔与乙炔瓶、氧气与氧气瓶
减压器	冷作车间钢材的堆放与保管	钢材工场应用	角钢框的焊接与装配
不锈钢防盗门窗焊接安装技能	焊工证考试模拟题与参考答案	钎焊、熔化焊接与热切割、压力焊作业人员培训大纲与考核标准	

参考文献

[1] GB/T 984—2001. 堆焊焊条.

[2] GB/T 983—2012. 不锈钢焊条.

[3] GB/T 5117—2012. 非合金钢及细晶粒钢焊条.

[4] GB/T 324—2008. 焊缝符号表示法.

[5] GB/T 5185—2005. 焊接及相关工艺方法代号.

[6] GB/T 12212—2012. 技术制图 焊缝符号的尺寸、比例及简化表示法.

[7] JB/T 9185—1999. 钨极惰性气体保护焊工艺方法.

[8] GB/T 13164—2003. 埋弧焊机.

[9] JB/T 7949—1999. 钢结构焊缝外形尺寸.

[10] JB/T 9186—1999. 二氧化碳气体保护焊工艺规程.

[11] GB 12219—1989. 钢筋气压焊.

[12] JGJ 18—2003. 钢筋焊接及验收规程.

[13] TSG Z6002—2010. 特种设备焊接操作人员考核细则.

[14] GB/T 41861—2022. 气焊设备 焊接、切割及相关工艺设备用软管.

[15] GB/T 10044—2022. 铸铁焊条及焊丝.